后浪出版公司

# 心智突围

重构心智的底层逻辑

Windy Liu 著

江西人民出版社

# 目　录

自　序　成长，就是一个重构自己的过程　1

## 第一章　人生定位
### 终身成长即不断重构自己的底层逻辑

自我定位，就是一个主动设计人生的过程。一个时代缺的从来不是随波逐流者，而是能够真正实现自我价值的人生创造者。

在这个焦虑的时代，优秀比成功更重要　3
自我设限，是人生黯淡的最大根源　17
人生没有白走的路，每一步都算数　39
明白人，都愿意下笨功夫　75
终身成长的底层逻辑　95

## 第二章　认知优化
### 人与人之间最大的差异，是认知能力的差异

认知的优化，是一个不断迭代累加的过程。只有站在更高的认知层次上，我们才能看清楚人、事、物的全貌，

完成人生的破局。

认知即痛苦，有觉知地突破认知停滞区　111
自我学习能力，是认知优化的关键能力　125
启动刻意练习，做知识的炼金术士　137
交流，是认知升级的重要工具　151
如何改变大脑固有的思维模式　163
真正的高手，都有破局思维　181

## 第三章　精进指南
### 成为工作生活的高效管理者

自我的精进，需要一个人时刻管理好自己。只有凡事用心，着眼于自身，你才能真正地改变自己，把人生过到极致。

自律是解决人生问题的万能钥匙　203
清单是掌控生活的利器　221
想到了，还要做到　233
不在意他人的评价，是一种战略性的自我管理　249
要感知情绪，而非控制情绪　259

## 第四章　自我赋能
### 面对未来的不确定性，如何才能不被时代抛弃

洞察未来趋势，发掘自身潜力，构建一种反脆弱的自我赋能模式，如此，你才能打造个人的核心竞争力，在这个世界占据一席之地。

热情，只是精通的副产品　281

跨界，是从平庸到卓越的最佳策略　295
AI 时代，如何做到不可替代　311
人生的要务：建立多元的商业模式　325
成为一个系统驱动的人　341

## 第五章　内心重建
### 找到内心世界的平衡，解决同外界的冲突

真正的高手，都有一个强大的内核，在人生的道场里磨砺心境，感悟生活，为自己构建一个不念过去、无惧未来的内心秩序。

每个人都有选择一己态度的自由　361
中庸，人生的第三种选择　369
心流与留白，持续构建理想的生活模式　379
臣服，一种随遇而安的生活信念　393
宁静致远：成为积极的悲观主义者　401

后　记　找到你的人生使命　410

# 自　序
## 成长，就是一个重构自己的过程

你是否会有这样的无力感？明明早上暗下决心要开始新的一天，到了晚上却发现还在重复昨日的做法；明明前一秒热情洋溢，下一秒却半途而废；明明渴望走出毫无生气的泥潭，但却不知道人生的方向到底在哪。

期待掌控自己的生活，把握人生的方向，但现实却残酷得多。你不了解自己，喜欢拖延、抱怨、自我怀疑，毫无知觉地被外界裹挟着前进，所以也一直迷茫焦虑着。

**我们总是容易间歇性自律，持续性懒散，被自己习以为常的心智习惯所绑架。**

设定好的目标永远停留在空想中，想要追求的生活也从来不曾清晰过。

你到底想成为什么样的人？你所憧憬的理想生活到底是什么样子？在忙碌的间隙，你是否曾经思考过生活的意义到底是什么？你是否想过要持续地去把一件你擅长的事情做到极致？而最终，你还能成为更好的自己吗？

这些问题，在五年前我也曾扪心自问。

回想五年前，我正处于人生的低谷——刚跳槽进入一个新的环境，对工作上的人、事、物完全陌生，不安感常常来袭；生活上充斥着混乱和焦躁，看不到未来，感觉生活完全不在自己的掌控之内；因为价值观上的差异，与家人的关系也非常紧张，常常会处于失联的状态。

人生好像是一个无底的深渊，我站在谷底往上看，一片漆黑，难道生活就要这样一直消沉下去吗？

把自己从生活的旋涡中拽出来的，是我报名参加的一个手绘班。我从小喜欢涂鸦，这次也是画画让我重拾了内心的自我认可，并开始积累人生的价值感。

在生活悄悄发生了一些变化之后，我又开始尝试独自旅行。一个人的旅行是孤独的，但是在路上总是可以遇到和自己不一样的人，更重要的，是我和自己的内在对话多了起来。

我在绘画和旅行中学到最多的是独处，当你愿意和自己独处的时候，你做得越来越多的一件事情就是阅读和思考。在读书和沉思的过程中，我认知了一个全新的世界，也开始了解自己，关注自己的感受，在生活中慢慢培养一些好的习惯，比如早起，比如写作。把自己内心的感受和想法写出来的过程，其实是一个跟自己对话、争辩、商议的过程，这也是一个认知客观化的过程。

当你的迷茫和焦虑跃然纸上，这时候，你就能够以一个旁观者的身份来审视自己的迷茫，评估自己的焦虑，从而进一步分析它们的根源到底在哪里。所以我又开始用文字记录下生活中的问题和困惑，然后不断思考，不断感悟，慢慢找到了一些属于我自己的答案。

从发展儿时的绘画兴趣，到独自旅行，再到开始读书、见人、写作、思考，在这几年里，我慢慢构建了个人的知识结构、理性的思维模式和科学的价值体系，然后我看到自己在工作和生活中有了一些真正值得开心的变化——我和家人有了更多的沟通，渐渐成为一个懂事的人，能够与家人相互尊重又相互关怀；在工作上，我能够独当一面，不再得过且过、敷衍了事，努力成为所在领域的专家；而在个人发展上，我有了自己的绘画作品，也通过写作赢得了很多人的支持和认可。原来，生活的无趣和迷失源于这么多年过去我一直都没有成长。这里说的成长当然不是身体的成长，而是心智的成熟。

我们很多人本质上就是一个巨婴，总是期待从外界索取，却从来没有内在的自足。可是，只有心智的成长进化，才能让我们了解自己，从而进一步改变自己。

成长的过程，就是重构心智的过程。

在这个过程中，你开始认识自己、了解自己，甚至敢于改变自己、打破自己，不仅仅吸收好的人、事、物，还要直面自己恐惧的人、事、物，不仅要学习新知，还要把原来习惯性的思维和行为击碎，然后进化出一套更有利于自身发展的心智模式。

这种心智的进化，需要我们不断进行人生探索，在"定位""认知"和"心境"这三大主题上下功夫。因为只有定位上的清晰、认知上的优化和心境上的笃定,才能真正地构建心智系统的成长力。

"定位""认知"和"心境"构成了人生的正三角,任何一个部分的缺失,都会造成人生的失衡,由此产生的迷惘也就在所难免。

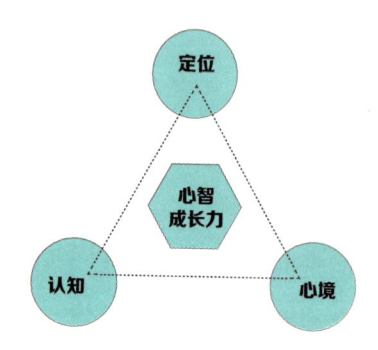

自我定位:人生如果没有方向,就像随波逐流的小船,注定到不了理想的彼岸。

认知优化:人与人之间最大的差异就在于认知,所以要改变自己就得提升认知。

心境调频:一个人如果内心混乱不安,掌握再多的技能和知识都无济于事。

而《心智突围》这本书,也将基于人生这三大主题来探讨在心智重构的过程中,我们可以采用的原则和方法,从而让我们在复杂多变的生活中,从容地做出更好的选择,改变自己、成就自己，获得独一无二、丰盈而有意义的人生。

第一章，我会谈谈自己对心智模式的理解，以及它是如何在生活中运作的。我们存在哪些自我设限的心智模式，又该如何改变？如果找不到人生的方向，我们可以怎样给自己一个明确的定位，让自己在时间长河里不断地进化？

第二章，触及的是如何优化认知、提升认知。我们可以从中系统地了解认知的不同阶段，掌握深入学习和思考的科学方法，并且从不同的视角来探讨如何获得自主升级认知的能力，从而积累破局的势能，在生活中做出正确的选择。

第三章，解决的是如何让自己有持续精进的动力。如何让自己从懒散的本能中跳脱出来，建立起自律型人格？如何成为高效的行动者？我们还会从内心情绪的根源入手，通过管理情绪来提升断舍离的自控力，进而成为生活的高效管理者。

第四章，谈及的是如何打造一个人立足于这个世界的核心竞争力。其中不仅仅会探讨个人职业和兴趣的问题，还会对未来进行展望，从更长的时间维度和立体的知识维度来定义个人的核心能力。同时，还会引入个人商业模式的概念，让你提前思考财务自由的问题。

第五章，也是最后一部分，我们将开启内心的重建，从心智模式、人生选择、生活信念等方面来详谈心境的修炼。而真正的高手都有一个强大的内核，能够以不变应万变，智慧地面对生活。

这本书的每个部分并不是各自独立的，它们相互关联、交织，共同构成一个统一的整体。你也许会看到，同一个主题在文中会以不同的视角呈现出来，这就像多棱镜，不同的角度会折射出不同色彩的光线。

在这个日新月异、万物互联的时代，每个人看似都有成就自己的机会，但每个人的力量在社会浪潮之下都略显微弱。查理·芒格在南加利福尼亚大学法学院的毕业典礼上曾说："我不断地看到新的人有所成就，不是因为他们最聪明，有时候他们也不是最勤奋的，他们只是学习机器，他们每天睡觉时都比起床时更聪明一点，一点一点地积累。这真的非常有用，尤其是当你要走很长很长的路时。"

其实，阅读一本好书，就是一次自我教育、自我学习的机会，因为它可以让你获得更多的思维模型，提升自己的思维层次，用更多的视角看待同一个问题。

如果你通过阅读这本书，重构了心智，获得了成长，改变了自己的生活，变得更加睿智，走上了不断自我精进的道路，这本书就有其意义和价值。

斯坦福大学商学院教授贝南·塔布里兹和迈克尔·特雷尔的研究表明："如果一个鸡蛋的蛋壳从外面裂开来，它的生命就结束了。但是，如果一个鸡蛋的蛋壳从内部裂开来，则意味着新的生命破壳而出。伟大的事物都是由内而外产生的。"

愿我们都能够由内而外地重构自己，成为自己想成为的人，过上自己想过的生活，然后，相逢在高处！

# 第一章
## 人生定位

**终身成长即不断重构自己的底层逻辑**

自我定位，就是一个主动设计人生的过程。
一个时代缺的从来不是随波逐流者，
而是能够真正实现自我价值的人生创造者。

# 01

## 在这个焦虑的时代，优秀比成功更重要

重塑心智模式，做命运的创造者

### 破除成功学的迷信

这是一个成功者盛行的时代。我们听说过张爱玲的"成名要趁早",也看过了太多网红和偶像的迅速崛起,所以理所当然地认为,成功就是人生追求的第一目标。

大部分人眼里的成功,往往是一个人的社会认可度,落到实处,就是"名利"二字。

美国主持人大卫·莱特曼在新节目《我的下位来宾鼎鼎大名》(*My Next Guest Needs No Introduction With David Letterman*)中采访了退休后的美国前总统奥巴马。

节目快结束时,奥巴马忍不住问莱特曼:"有一件事,总是让我很意外,那就是我看到一些取得成功的人,无论是在商业、娱乐,还是政治领域,都以为成功是因为他们聪明。我总是说,我既努力,我也有一些天赋,但还有很多人既有天赋又勤奋,其中也有一些机遇的因素，一些机缘，我想知道你是不是也有这种感觉……"

而莱特曼的回答也是如此，他说："总统先生，我目前的挣扎正是因为这个，我唯一有的就是运气，我只是幸运而已，一直幸运到今晚。"

大卫·莱特曼是美国家喻户晓的脱口秀主持人，在他做深夜节目的最初20年里，获得了67次艾美奖提名，并最终获奖12次。

现在这个社会，绝大多数人喜欢说自己加倍的努力和过人的天分，却很少提到自己的好运气。

我们身边随处可见的成功故事，都有既定的套路：

> 聚焦于已经成功的企业和个人；
> 
> 搜寻企业和个人在认知、选择、决策上的关键点；
> 
> 通过一个有逻辑的故事线，把各个关键点串联起来，然后得出一个自洽的解释，进行简单归因。

这种套路，看似合理，其实都是在追求成功的必然性，但却忽视了其中也有很多偶然的因素。

大家都知道达尔文在19世纪写出了《物种起源》这部颠覆性的巨著，成了进化论的奠基人。但他的成功背后其实有非常多的偶然因素，这和他的人生际遇息息相关。

达尔文出生在英国一个富足的家庭，从小生活无忧，因此他才有机会去探寻大自然，并在爱丁堡大学、剑桥大学接触博物学和生物学。在达尔文所处的时代，地质学家对地层的研究已经有100多年，科学家已经开始怀疑生物自古不变的认知，而且在大航海时代之后，欧洲很多国家已经开始进行海外考察。就在达尔文从剑桥大学毕业之后，剑桥大学的著名教授亨斯洛受邀作为博物学家参与英国的一次远航考察。但恰巧教授有事在身，所以就推荐了达尔文，而这一次远航考察对于达尔文理解生物进化规律至关重要。其实在达尔文之前，已经有很多人提出了物种间的起源关系，比如那个时代的古尔德、法国博物学家拉马克、马尔萨斯等，达尔文总结了前人的研究果实，并在此基础上建立了进化论。

优渥的出身环境，大航海的经历，时代的发展趋势，前人的科考背景等，这些无疑都是达尔文成功的机缘，即使没有达尔文，也会有另外一个人出现，发表物种起源学说。

许多事情之间并没有简单的因果关系，都是随机性使然。把一个人的成功简单地归咎于天赋和努力，这终究是一种归因偏差。

成功往往是偶然的小概率事件。

哥伦比亚商学院教授迈克尔·莫布森在《实力、运气与成功》一书中，提出了一个成功的公式：

$$成功 = 运气 + 实力$$

我们所经历的大部分事情都是运气和实力的组合，有些事情更偏重于运气,而有些事情则更偏重于实力。

如果你跟李世石下围棋,跟斯蒂芬·库里打篮球,那么他们轻易地就能赢过你,此刻的成功往往更偏重于实力和技能;但如果你和他们比赛扔骰子,或者用石头剪刀布来一决胜负,这时候就得看谁的运气更好,输赢往往更依赖于运气。

社会上的成功,比如,创业公司的上市,产品的热卖,个人的爆红,这些往往都是实力和运气的组合,只是两者的占比不尽相同罢了。

面对一件事情的成功,我们常常会低估运气的重要性,总是认为成功源自自己的强大,这就是大部分人的"认知归因偏差"——以为只要深究成功人士的逻辑,发掘其中隐秘的关联性,最终就可以和他们一样成功。

成功是一个单一的结果,而造成这个结果的原因却可能有很多。而那些成功的故事,无一例外地会让人陷入到归因偏差里,因为成功者往往会更愿意从各种纷繁复杂的理由中,找到一个最简单、最能证明自己厉害、把自己推向神坛的原因,而听众也往往会选择那个自己最容易接纳、最容易做到,以及与自己的认知和经验最匹配的理由。

大公鸡以为天是它叫亮的,因为每次它叫完天就亮了。

而这就是成功学的不靠谱之处。

### 优秀 > 成功

人一生的运气,总是有好有坏,就像坐飞机,在一段时间内,飞机能非常顺利地平稳飞行,而在某个时刻会遇到气流,产生较为剧烈的颠簸。

把成功当作人生的第一目标去追求,常常就会欲速则不达,甚至感觉非常痛苦,因为成功往往和许多外部因素相关,比如环境、人缘、机遇等,其中的缘由错综复杂,背后有着许多琢磨不透的运气使然,而这些是很难把控的,特别是在我们还不够有实力时。

与其把无法掌控的成功当作毕生追求,不如先选择成为一个优秀的人。

所谓优秀,是指拥有自由的头脑、丰富的心灵和强大的实力,其中就涵盖了迈克尔·莫布森的成功公式里的实力这个部分。

优秀 = 自由的头脑 + 丰富的心灵 + 强大的实力

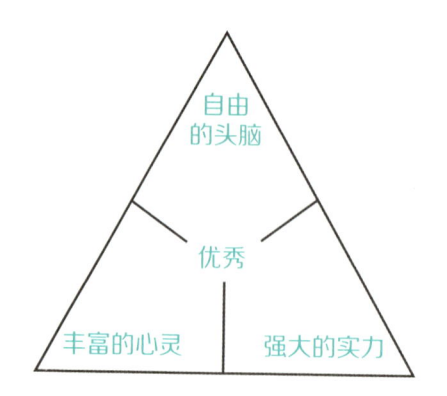

自由的头脑，就是能够正确地认知这个世界，不被世事的无常所裹挟；

丰富的心灵，就是能够敏锐地感知这个世界，与周围的人、事、物构建和谐的关系；

强大的实力，就是能够耐心积累，知行合一，能够通过持续的实践来达成设定的目标。

成功不完全是我们所能支配的，但是，认知、智慧和实力却是我们可以实实在在把握的东西。如果你把第一目标设定为优秀，你就掌握了人生的主动权。

这时候你的心态会非常好，你会更关注那些不那么依赖于运气的事情，专注地把眼下的事情做好，提升个人价值，而不会想要通过投机来成功。

在一个相对开放的社会里，你也许会因为一时的好运平步青云，获得高于你个人价值的外在成功，也许会因为一时的厄运而跌落谷底，在别人看来一文不值。但是在一个人漫长的人生里，这些动荡的外在估值都是虚幻的，实际上它总会锚定在你真实的个人价值上。

估值高点

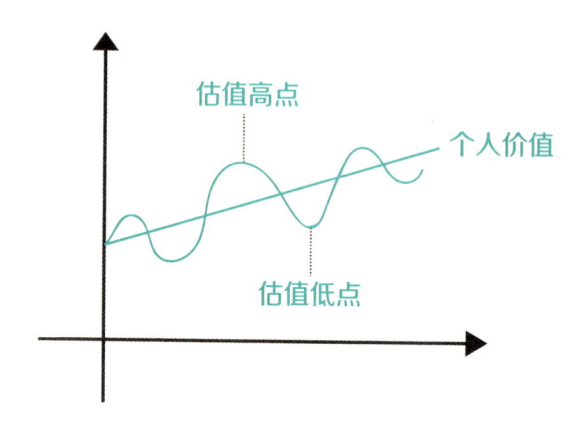

个人价值

估值低点

没有个人真实价值的提升，从更长的时间维度来看，外界市场的估值一定上不去，甚至更可能会被严重低估。

经济学最基础的供给和需求理论告诉我们，如果你想要获得某样东西，就需要提供同等价值的东西作为交换。

用查理·芒格的话来说，就是："如果你想要得到一样东西，最可靠的方法是让自己配得上它。"在不断自我成长过程中，你越优秀，个人价值也就越高，能够与这个世界交换获得的资源、人脉、机会也就越多。

社会上很多人追求的所谓人脉，殊不知对于个人而言，比人脉更重要的是他自身所拥有的价值。任何人和人之间的有效社交，都建立在双方对于各自价值的认可上。当你足够优秀，拥有强大的实力，你自然可以吸引认可你价值并且也能给你提供价值的人，然后在交往的过程中碰撞出火花，相互成全。

其实，优秀才是我们应该追求的第一目标，而成功，则往往是优秀的副产品。

在成功的公式里,当实力的占比越来越高,运气的占比越来越低,这时候的成功才更可能是我们实实在在可以把握的。

荀子曰:"君子敬其在己者,不慕其在天者。"这就是说,我们只需要尽己所能成为一个优秀的人,至于优秀之后的收获,以及是否能够获得成功,顺其自然就好了。这种心态上的心平气和,反而会为我们增添许多意想不到的好运。

生活的本质就是交换,要与这个世界进行价值交换,优秀才是我们手里最大的筹码。

所以,在做很多事情的时候,你要问自己以下两个问题:

这件事情能够给我带来价值的提升吗?
这件事情能够给我带来长期的价值提升吗?

我们首先要考虑的是这件事情是否能够给我们带来长期的成长,能不能让我们变得优秀,而不是它是否能够成功。

在这个越来越开放的世界中,机会也越来越多,任何优秀的人,他的个人价值都会受到关注,而让自己优秀,就是一条个体价值崛起之路。而你因为优秀而获得的成功,一定会是自己内心真正认可的成功,也往往是自我实现和社会贡献的有机统一,因而一定能够更长久也更有意义。

## 优秀是一种习惯性的心智模式

古希腊哲学家亚里士多德说:"我们每个人都由自己一再重复的行为铸造,因此,优秀不是一种行为,而是一种习惯。"

一个人能不能变得优秀,关键在于这个人有没有好的习惯。

习惯就是我们在生活中一再重复的思考和行动模式,我们被这些习惯所左右,不假思索地按照习惯的模式去看问题、做事情,就像物体顺着自己的惯性运动一样。

其实,习惯的背后就是一个人根深蒂固的心智模式。而心智模式是一个人对人、事、物惯有的态度和看法,它打着家庭、教育和阅历的烙印,是你身体里看不见的操控者。如果把人的大脑比作一部手机,那么心智模式就像在手机上运行的应用程序,每个人的大脑在手机上安装的应用程序千差万别,因而在处理外界的各种数据和信息之后呈现出来的结果也大相径庭。

我们可以通过下图来了解心智模式的 IPO 模型。

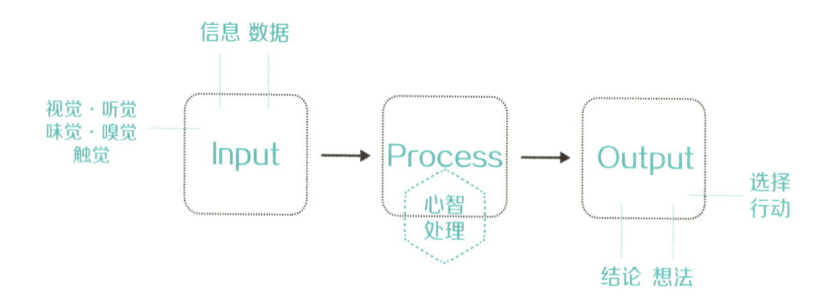

信息 数据

视觉·听觉
味觉·嗅觉
触觉

Input → Process → Output

心智处理

选择 行动

结论 想法

Input 是输入,我们通过视觉、听觉、味觉、嗅觉、触觉等感官所获取的信息数据会进入大脑意识中；大脑就会依据某种习惯性的心智模式来处理（Process）信息数据，进一步分析信息，解码信息；最后经过处理而形成的想法或者思考结果，会作为 Output 输出，让你做出选择，采取行动。

心智模式是不易觉察的，它有一种"框架效应"，让我们不自觉地选取一种取景框，根据自己的感知偏好，选择性地接纳事实，选择性地看到我们心智模式里认可的东西。就像我们在拍照片的时候，总是会选取特定的角度一样。这个框架不是谁强加给我们的：在看待世界、表达想法时，我们都会无意识地去启动那些潜在的心智模式，从而引发框架效应。

松下幸之助在招聘时必定会问一个问题："你觉得自己是一个幸运的人吗？"而这个问题的答案在很大程度上决定了他是否聘用这个人。在他看来，如果一个人认为自己是一个不幸的人，他就会把这种对不幸的感知带入组织中和生活中，通过他的言行举止不断地寻找自己不幸运的证据。而如果一个人认为自己很幸运，他往往习惯于在工作生活中搜寻证明自己幸运的事情。

我们都在戴着有色眼镜看世界，过滤掉不符合自己心智模式框架的东西，只留存那些我们认同的部分。每个人眼里的世界，并不是这个客观的真实世界，而是经过心智模式处理之后呈现出来的符合自己内心设想的主观世界，所以我们的心智模式决定了我们能看到一个什么样的世界。

如果你准备下周出发去北京，你就会发现网上到处都是与北京相关的信息，事实上，与北京相关的信息一直都是这么多，只不过当你在"心智框架"里添加了"北京"这个关键词之后，你就有了一种主动感知北京的意识，而这种意识会像雷达一样，自发地寻找有关北京的讯息，而忽略其他信息。

面对同一个事实，幸运或者不幸就取决于我们所选择的那个心智框架。

当你选择了"自己是幸运的"这样一种心智框架，你的意识自然就会去搜寻那些与幸运相关的事实，并且自动忽略那些让人沮丧悲观的不幸。

这时候的你被一种幸运的心智框架所占据，你的思维和行动会发生变化，而这些变化又会强化你的这种心智模式，让你在无意识中去做好那些与幸运有关的事情。

科学地说，幸运就是一个概率问题。但是，如果你选择相信自己是幸运的，你的为人处世、所付出的努力、思考的深度和广度，比起没有这种信念的人，就会有很大不同，而把一件事情做成的可能性也就大大高于不相信自己幸运的人。我们可以不去刻意地追求捉摸不定的运气，但是我们却可以重构自己感知幸运的心智模式，让意识雷达始终开启——留意前沿趋势、琢磨前人的经验、捕捉更优的方式，利用这种新的心智框架来看待周围的人、事、物，从而与周围的环境构建和谐的关系。

## 命运，潜藏在你的心智模式里

心智模式会直接影响我们的认知和行为，决定我们看问题的视角、为人处世的方式。它将使个人与周围环境产生或正面或负面的互动，进而勾勒出一个人跌宕起伏的命运曲线。

吴军老师在他的专栏《硅谷来信》中提过这样一个例子。

> 试想你人畜无害地走在大街上，突然有人过来扇了你一个耳光，你作何反应？

有的人，抱持着自卑消极的心智模式，就会直接认怂，捂着脸跑开。

有的人，因为自身冲动的个性，抱持着绝不吃亏的心智模式，所以他会急着把耳光扇回去。

还有一种人，他秉持理性思考的心智模式，先冷静分析一下，找到被人扇耳光的真正原因，进而正面地处理问题。也许对方是个疯子，那就当自己运气不好，不再纠缠此事，如果是自己的问题，那就接受教训总结经验，以防下次被扇。

在职场中，同样是不受领导待见，抱持不同心智模式的人，命运也会不同。

悲观认怂的人在工作中得过且过，渐渐失去对职业的兴趣，成为职场老油条。

急着把耳光扇回去的人，因为跟老板对着干，肯定也落不到什么好处，关系反而更紧张，更加不受重视。

而那些善于主动思考的人，则会在明确领导的偏心和不公之后，换一个更合适的部门发挥优势，最终通过自己的能力取得跟之前领导平等对话的权利。

一个人的命运，在挨巴掌的时候就已经决定了。

那个巴掌只是命运发送给你的一个信号，它会触发你习惯性的心智模式，让你直接做出下意识的反应。结果，认怂的人一辈子都在认怂，无法跳脱自设的牢笼；而扇回去的人一辈子都在扇别人巴掌，遇到比自己强的人，往往就会自取其辱。

面对这个世界，每个人都有自己的一套感知世界和解读世界的心智模式，它会塑造你看问题的角度、做事情的方式，会引导你对世界的变化做出反应，而世界又会针对你的反应予以反馈，对你施加影响。

优秀的人往往都有一整套更加正面、积极的心智模式。

他们总会有多元的思维模式，面对困难会有完全不同的心态，看待事物会有深入的思考，对同样的事情会采取完全不同的行动。更重要的是，他们总是在不断地进化，调整自身的心智模式，改变看问题的角度和做事情的方式，从而更好地适应世界的变化。

而当我们追求优秀的时候，我们就是去定位一套更有利于自身发展的心智模式，从而成为自己命运的创造者。

# 02

# 自我设限，
# 是人生黯淡的最大根源

如何打破限制性心智模式？

问你一个假设性问题，如果失去了双腿，你会怎么办？

有人会想，没有腿，该怎么走路？不能走路，该怎么去工作？没有工作，该怎么维持生活？生活不能自理，那我也就完了吧？

太多的人，不去思考如何发挥自己的潜能来解决问题，而是被困在自设的牢笼里。他们的逻辑是——想要好好生活，就必须工作，要去工作，就必须依靠腿来走路，没有腿，就什么都做不了。

出生于澳大利亚墨尔本的尼克·胡哲，是一位著名的励志演讲家。他天生没有四肢，但却克服了常人难以克服的困难，学会了写字、游泳甚至是打高尔夫球。尼克在19岁的时候打电话给学校，推销自己的演讲。在被拒绝了52次之后，他获得了一个5分钟的演讲机会和50美元的报酬，开始了演讲生涯。在过去的十几年里，尼克在世界各地发表了数千场演讲，用他的生命书写了无数的奇迹。

不具备完美身体的尼克·胡哲，没有因为自身的缺陷而给自己设限，反而主动地解锁了命运中各种艰难的关卡。

人生不设限的人，往往都有一套有益于自身发展、能够融入社会环境的心智模式。反观我们大部分人，心智折射出来的行为习惯往往是限制个人发展的。

## 自我设限的三种心智模式

家养的鹦鹉，如果不放在笼子里，一般都会有一根铁链拴着它的脚，防止它飞走。但墨西哥的鹦鹉并不需要一根真实的铁链，因为一根隐形的铁链已经占据了它的心智，牢牢拴住了它的脚。

当墨西哥鹦鹉刚出生没多久就会被放置在一根棍子上，然后训练它的人会突然一下把棍子抽走，它就摔下来，然后又让它站在棍子上，又抽走，再让它摔下来。为了避免从棍子上摔下来，它会牢牢地抓住那根棍子，直到你再怎么抽棍子，它都不会掉下来。这个时候，它对于不抓紧这根棍子有一种强烈的恐惧感，所以它的整个心智空间都被这种恐惧填满了。

当它长大之后，羽翼丰满可以飞翔了，但因为它的整个心智空间早已被这种恐惧意识、风险意识所填满，所以它不敢尝试飞翔，只愿意牢牢抓住那根棍子，因而主人根本不用拿铁链拴着它。

尽管眼前是一片广阔无边的空间，但是它内心的空间格局却已经小到只能容纳下那根棍子。

其实，生活中的我们也早就被恐惧、担心、焦虑以及各种垃圾信息所填满，所以心智空间非常拥堵，自带一种狭隘的心智模式，不愿意去发现新的事物、做新的尝试，所以我们的世界也局限于眼下，作茧自缚。

自我设限很容易造成一个人没有格局，在遇到事情的时候，首先想到的是不确定性、不可能性。

由于这种对外在风险和困难的恐惧意识，他的思考能力和行动能力都会明显变弱，只敢固守在自己的一亩三分地，牢牢抓住那些确定的东西。

所以，很多人喜欢为自己的人生提出各种条件——"只有拥有了这个，才能实现那个……""等我们怎么怎么样了，才能怎么怎么样……"

事实上，自我设限源自那些掩藏于恐惧之下的限制性的心智模式：

### 模式一：没有希望

认为自己无论怎么努力，目标都不可能实现，就像有的人因为遭受过太多的挫折，面对生活就会有一种"习得性无助"。

美国心理学家马丁·塞利格曼做过一个实验，他把狗关在笼子里，一摇铃铛，就施加电击，反复多次之后，再把笼门打开，结果大多数狗听到铃铛响，并没有逃跑，反而是躺倒在地，等着被电。

这种本来可以规避伤害，却选择绝望地等待痛苦降临的心态，就是习得性无助。

生活中一旦有过几次难堪的遭遇，人就容易陷入习得性无助的颓丧状态。于是这种没有希望的限制性心智模式，会让很多人在心底给自己暗示——"我总是做不好，我命中注定就是这么倒霉。"

**模式二：无能为力**

虽然你认为目标有可能实现，但却不相信自己有能力得到想要的结果。

我有一个朋友，非常羡慕插画师的工作，但是他总是认为自己缺少专业学习，没有专业素质，对自己成为插画师感到力不从心。

这种限制性的心智模式背后的潜台词是——"别人有可能实现这个目标，但却不是我。我不够好，我不够有学识，不够有能力来达成目标。"

很多抱持这种信念的人会自发地给自己设置门槛，因为自己不是专业出身，就放弃了原来的梦想；因为自己不够漂亮，所以就自惭形秽，自认找不到理想的恋人；因为自己没有积累足够的财富，所以就不去做自己想做的事情。

**模式三：没有价值**

很多人的自我认同感低，喜欢把自身的缺点无限放大，而这种无价值感会让你虽然相信目标有可能实现，甚至相信自己有能力实现，但却会认为自己不配得到它。在社会上，有些人明明很有才华，却总是不敢去尝试新事物，不愿主动去争取机会，结果屡遭败绩，而这又进一步增强了他的无价值感。

这种没有价值的心智模式，会让我们产生一种自我妨碍情结。心理学家马斯洛就专门研究过这种心理现象。他发现很多人并不会拼尽全力去追求最好的结果，而是越靠近成功，就越容易用各种各样的方法来干扰自己的表现，比如刻意的疏忽、拖延等。

这种无价值感，会让我们在迈向目标的过程中，故意去设置很多障碍，以便让自己在失败的时候，看起来好像只是因为自己不努力。

无价值感，其实是内心缺乏安全感，背后传达出来的信息是：我什么都不是，我这个人有太多问题，我不配获得幸福和健康。

没有希望、无能为力、没有价值这些限制性的心智模式，在我们的内心架起了一堵高墙，让我们无意识地给自己的人生强加许多枷锁。

### 识别自我设限的一个关键问题

"没有希望"和"无能为力"这两类限制性心智模式,往往都是没有回答"如果/怎样"式问题的结果,它们直接让我们无意识地相信一些假设和前提,从而给自己的人生设置障碍。

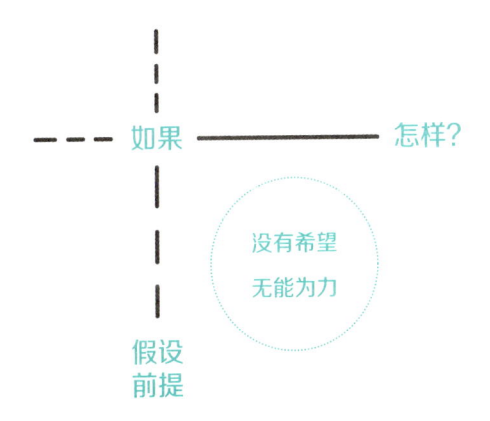

```
         |
         |
- - - 如果 ——————— 怎样?
         |
         |   没有希望
         |   无能为力
         |
         |
        假设
        前提
```

回答"如果/怎样"式问题,就是在识别心智模式背后的意图和前提假设,进而发现限制性信念,对它进行更新或者替换,最终让思考和行动都不再受限。

如果你想要去旅行,但你却觉得去旅行就必须有很多钱。这时候,你就需要问问自己——如果没有很多钱,我能怎样去旅行呢?

当你在思考这个问题的时候,你就会发现,即使没有很多钱,你依然可以去旅行。你可以选择在居住的城市完成徒步计划,参观从来没去过的博物馆，去到从来不曾踏足的大街小巷。

谁又规定了旅行就一定要去日本、欧洲、东南亚呢？那不过是流行的消费主义强加给我们的观念罢了。即使是在自家的后花园，你依然能够看到一个新奇的世界。

其实自我设限中的大部分假设和前提都只是纸老虎，在经过思考之后就会变得不堪一击。而当我们回答"如果／怎样"式问题的时候，我们就开启了人生的探索之旅。

## 由内而外地打破自我设限

在人生的探索过程中，最重要的是通过自我探索来认识自己、了解自己，让自己能够持续收获成就感和愉悦感，进而从根本上打破"没有价值"的心智模式。

在《用户体验要素》这本书中，作者提出了一个完整的框架体系来阐述产品体验，这个体系从外到内由五个层次组成：感知层、角色框架层、资源结构层、能力圈范围层、战略存在层。

如果我们借用这个框架来分析，则可以把人分成 3 个层次来看，层次越深也就越接近一个人的核心价值观。

价值存在层

资源能力层

角色感知层

**第一层：角色感知层**

在这一层中，一个人的高矮胖瘦、言行举止会给人留下直接的整体感觉，让你在跟他人接触的过程中留下一个基本印象。

另外，我们每个人在工作生活中都扮演着各种各样的角色，比如你遇到一个银行职员或者一名教师，你在和他打交道的时候，能够明显感知到他身上角色的痕迹。

他跟你讲的话、做出的行动，都被他扮演的角色所控制，而每一个角色，都有着相应的行为准则和处事态度。

就像你去银行取钱，银行柜员跟你交流的是和业务办理相关的内容，他会快速地按照规章流程让你填单子、清算钞票，而不会像邻居大妈那样跟你家长里短，这就是一个人角色化的表现。

如果社会上每个人都有一个标准化的角色，其行为就可以被预期。一旦了解你扮演的角色，我就可以大致知道你会如何行事，我也知道该如何和你交流，协作就会变得更加高效，社会就会变得更有秩序和效率。

角色给我们带来了规则和效率，同时也带来了边界和束缚，因为外界角色很容易把自己框定在一个很小的范围之内，彼此交流的内容和深度都会局限在角色这个范畴里。

所以，表面的感知和角色化的接触都只是比较浅层的认识。

## 第二层：资源能力层

资源包括你的知识技能、财富资源、社交资源、精神资源等，而能力则是一个人在运用知识技能以及各种资源完成目标和任务时所表现出来的综合素质，比如，沟通能力、情绪管理能力、团队协作能力等。

资源是外在因素，可以后天习得，这是一个人的显性价值所在；而相较于知识技能等资源，能力更为隐形，但它会直接影响我们做事情的效率和成果。

以各种资源为基础，需要结合刻意练习才能够实现知识技能向能力的转化。水零度会结冰，这是知识；你拥有很多纯净水，这是物质资源；而你在什么时候把什么味道的水变成什么味道的冰棍，最后卖给谁，这是一种能力。

我们每个人刚开始的角色都是学生，毕业之后，大家未来能去哪里，成为什么角色，是由你的能力和资源结构所决定的。每个人的知识技能不同，家庭环境不同，能力水平不同，这些因素支撑你成为不同的角色。

资源能力层可以不断积累和扩张，如果你的资源结构和能力圈都没有发生变化，那即便你主动地更换自己的角色，往往也只是在同一个层次上折腾，甚至可能越混越差。

只有看清了自己的资源结构和能力边界，我们才能够超越浅显的角色层更进一步地了解自己，在更深的层次拓展自身。

## 第三层：价值存在层

在自然界里，所有动物都会为了生存而全力以赴，这是由动物本能的生存需求所驱动的。

动物有本能的生存需求，而人和动物一样，也会本能地追求存在感。

而价值存在层反映的正是一个人如何定义自己的存在感，这种存在感会塑造我们内心的价值观，触发情绪和行动的开关，让我们努力实现自己。

有的人能够在家庭关系中找到存在感，家人对自己有足够的认可和爱意，他就会很满足。

有的人无法只通过一段关系满足自己的存在感，他还需要在事业上获得成功、在社会上获得认可来明确自己的存在感。

有的人则希望帮助别人，为他人创造出价值，甚至希望从影响世界、改变世界的过程中收获存在感。

每个人追求存在感的方式千差万别。

而这种对于存在感的追寻，会驱动我们去扩充自己的能力圈和资源结构，让我们日思夜想、废寝忘食地去做那些真正让自己满足、能够确认自己存在感的事情。

换句话说，你内心渴望自己成为什么样的存在，塑造了你内心的价值观，它会直接影响你的性格特质和动机——于你而言，什么是对的，什么是重要的；相较于别人，你的独特优势在哪里，你能够做好什么，能够做成什么。

"价值存在层"就是一个人的内核，它就像完全隐藏于水面之下的那部分冰山，很难被我们所觉察。

冰山模型

身份，价值观，动机

我们大部分人都习惯于生活在外界给我们定义的各种角色中，习惯于从"角色感知层"来定位自己，关注的常常是外界给我们的评价，结果就会被太多的条条框框所束缚。

因为自我设限，你其实并没有人生的自主权，也从未关注过自己真正想要的是什么。

就拿找个好工作来说吧，大多数人眼里的好工作就是赚钱多，供得起大房子，付得起国外旅游的费用。

这种从外而内地认识自己的方式，是一种被动的人生探索，结果是我们常常会被困在"角色感知层"，无法从"资源能力层"拓展自身，更不要说触及自己的内核层了。

只有从自己内核的"价值存在层"出发去认识自己、了解自己，你才能看到一个真实的自己，发掘核心优势，让自己的能力圈和资源结构都朝着一个符合自身渴求的方向扩张。

如此，我们才能突破角色层的边界限制，主动给自己定义新的角色，为自己设定新的处世原则，这才是一种我们应该倡导的主动的人生探索，而它最终会打破我们内心"没有价值"的心智模式。

## 构建个人价值的护城河

投资大师巴菲特曾说，无论如何也打不垮的卓越企业都拥有真正的护城河保护，就像一座美丽的城堡，周围是一圈又深又险的护城河，仿佛强大的威慑，使得敌人不敢进攻。一家企业需要构建护城河才能够持续卓越，而对于个人来说也一样，只有打造出自己的护城河，才能够打破自我设限，在日新月异的时代里占据一席之地。

构建个人价值的护城河，则需要我们一步步地主动进行自我探索。

## 第一步：发掘自身优势

总有很多人在成长的路上高喊着努力坚持的口号。

假设你的初始价值是 1，如果你坚持每天比别人多努力 1%，那一年下来的价值就会有 30 多倍的增长：

$$1.01^{365} = 37.8$$

这个算术看起来很简单，却很震撼，但问题是，这个世界上优秀的人都很努力，你要在哪个方面比别人多努力 1% 呢？还有，你怎么保持每天都比别人多努力 1% 呢？况且要做到每天都比别人多努力 1%，你又该如何坚持下来呢？

如果一件事情需要依靠你的意志力硬扛，需要你不停地暗示自己"努力坚持"，它往往坚持不了多久。因为需要你费劲地坚持，本身就说明你不大愿意做这件事情。如果是一件你喜欢做、擅长做的事情，你大脑里根本就不会出现"努力坚持"这四个字，因为你每天都会乐此不疲地做这件事情。爱打游戏的人每天都能准点上线，甚至不惜熬夜，你不让他这么努力坚持，他还不乐意了。所以，这里要努力坚持的，是你内心真正擅长、真正有优势的东西，它可以是你的某项知识技能，也可以是你的个性或者价值观特质。

德鲁克曾说："一个人要有所作为，只能靠发挥自己的长处。从事自己不太擅长的工作是无法取得成就的，更不用说那些自己根本干不了的事情了。"在由内而外的自我探索过程中，最关键的就是要站在"价值存在层"来思考和试错，不断明晰和完善自己的价值观，了解自己的性格特质和内在动机，从而发掘出自己的优势。

研究咨询机构盖洛普通过一系列大型研究项目发现，在收到对个人优势的反馈，以及对如何在本职岗位上更充分发挥这些优势的指导后，人们对工作的满意度会有所提升。

当我们弄清楚自己的优势，在生活中发挥自身长处的时候，我们也就更容易提高积极性和表现力，感受到别人的肯定、理解和尊重。而此时我们对自己的认可度和满意度都会提升，也就更能够感受到自身价值。

我们可以参考以下几个方法来识别自己的优势。

**做一些科学的性格、优势测试**

这里提及的测试，指的是一些专业机构提供的测试，比如九型人格自测、MBTI（迈尔斯-布里格斯类型指标）测试等，千万不要去做一些科学根据不明的星座类测试。

通过较为科学的测试，你对自己会有更多的了解，也会得到比较客观的自我认知。

但这只是认识自己的一个快捷方法，并不能代替你自己对优势的感知，所以，我们还需要结合其他方法来了解自己。

**向值得信赖的朋友、同事和家人寻求反馈**

我们对自己总有一些主观的美化，所以，为了更客观地认识自己，你还可以向周围值得信赖的人寻求反馈。

你可以让他们列举出他们欣赏你、觉得你充满热情的事例，问问他们从中看到了你的哪些闪光的优点。

**寻找你的高光时刻**

回顾过往，找出你最好的时光，也就是你生命中的高光时刻。

比如，你可以回忆事业攀上高峰时，自己是如何做到的，你采取了什么态度，做了什么事情，为什么你能把事情做得这样好。深层次地分析成功案例能帮你找到自身潜藏的优势。

**回馈分析法**

要发现自己的长处，管理大师德鲁克提供了一个途径，叫作"回馈分析法"（feedback analysis）。

每当做出重要决定或采取重要行动时，你都可以先记录下自己对结果的预期。9～12个月后，再将实际结果与自己的预期比较。

只要持之以恒地运用这个简单的方法，你就能在较短的时间内发现自己的长处。

在采用这种方法之后,你就能知道,自己正在做的哪些事情会让你的长处发挥出来,同时,你也将看到自己哪些方面的能力还不是特别强。

一个朋友曾经在职业规划上迷茫了一段时间,不知道自己是该转行去做产品经理,还是该继续做研发。后来实践了半年多"回馈分析法",他发现自己的职场优势其实是全局性地设计项目流程、制订项目计划、提供解决方案,而不是频繁地跟各种客户聊需求、看数据、收集信息。而且他性格稳重缄默,理性思维比较强,所以相比起做产品经理,在研发方面他能够做得更好。

所谓的优势,并不仅仅指我们常常提到的知识技能,比如会画画、记忆力好,其实还包括那些源于个人价值观和性格的特质,比如为人谦逊、善于融入组织、有同理心等。

明确了自身的优势,我们就知道自己能够做好、做成什么,从而有意识地将自己的精力、资源都投入到自己擅长做的事情上。

### 第二步:重新定义你的角色身份

找到了优势,你在做自己擅长的事情时就容易收获成就感,但如果你的优势仅仅对你个人而言有价值,对于他人来说毫无价值,那么你收获的价值感并不会很高。

从人生的角度看,最好的个人定位,其实就是自身优势、个人目标、他人需求三者的统一。

```
        个人目标
           │
          定位
    ╱            ╲
自身优势        他人需求
```

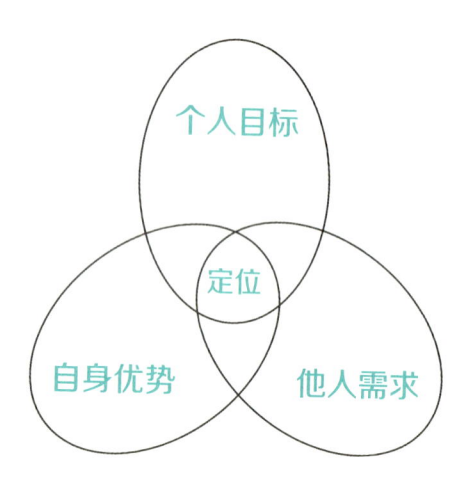

面对自身优势，你需要思考：
怎样利用这个优势来创造价值？
如何凭借这个优势来满足某个社会需求？
如何将它与市场以及未来的趋势联系起来？

这些问题帮你从内部的自我探索转向重新定义外部角色、打破外界限制，也就是从"价值存在层"进入"角色感知层"。

这时候，你要主动给自己设定一个角色、确立一个身份，去思考你想成为一个什么样的人。比如，你擅长画画，将来想成为一个画家；你喜欢唱歌，将来想成为一名歌手。

确立了角色身份之后，你还需要结合他人和社会的需求，给自己未来的愿景目标赋予使命。

所谓使命，就是这件事能让你获得价值感和意义感，比如你能从中感受到愉悦和满足、生活的充实、别人的理解和尊重，或者获得经济效益、参与感、他人的价值认可和人脉资源等。

就像前面那位在职业上迷茫的朋友，在了解了自身优势之后，他就会去钻研未来软件发展的趋势，以及各种软件开发职位的招聘需求。最后他发现，"软件架构师"这个角色和他的优势很匹配，相比起一般写代码编程的程序员，这个职位需要有丰富的研发经验，懂得把控全局。

更进一步地思考，他发现自己更愿意去做教育方面的"软件架构师"，因为他希望通过便捷化的应用程序来减少大城市和小乡镇之间的教育水平差异，为打破这个社会教育资源的不公平出一份力。而且眼下教育行业越来越受到社会的重视，市场需求也越来越大。所以，当他把教育领域的"软件架构师"作为自己的愿景目标的时候，他的自身优势、个人目标、社会需求三者之间的夹角就变得很小，接近于一个理想的职业了。

只有将自身优势和他人需求相结合，我们才能确定自己的愿景目标，找到构建个人价值的落脚点。所以，明确了自己的优势，你还可以问自己以下两个问题。

角色重构：借由我的优势，我希望自己成为一个什么样的人？

赋予使命：我可以从哪个方面去发挥自己的优势，从而利于他人和社会，收获价值感和意义感？

### 第三步:拓展能力资源层

找到了构建个人价值的落脚点,我们就有了明确的目标。

接下来,你就需要围绕这个定位好的愿景目标积累相关的知识、技能和资源,从而构建核心能力,拓展"能力资源层"。

朋友设定了教育领域的"软件架构师"这个目标,那他首先得要列出实现这个目标所需要的所有知识和技能。

你可以从各大公司对这个职位的招聘要求入手,也可以跟自己的同行,或者业内大牛聊一聊,并最终确定一个知识和技能清单。

有了这样一个学习清单,剩下的就是积累经验。你需要去学习新知识,回顾过往的经验,投入精力和资源,将学到的东西运用于实践,从而培养自己的能力。

而关于如何学习、如何实践,我们会在第二章里详细地阐述。

构建个人价值的护城河,就是一个认识自己、探索自己的过程。我们从"价值存在层"出发,找到自身优势,重新定义"角色感知层",进而拓展"能力资源层",最终提升个人价值,打破自我设限。

而整个探索自己的过程,就是在重构人生。

## 打破限制，才能成就自己

打破自我设限，是一种超越自我的成长体验。

成长是什么样子呢？

你主观世界和客观世界之间有一条沟，你掉进去了，叫挫折，你爬出来了，叫成长。

人生中总是会有很多人、很多事与我们的认知和内心发生冲突，这时候，你要勇敢地打破自我设限。

主动让你不熟悉的东西和令你难受的东西击碎你的认知、观念、习惯，然后你要做的，就是默默地用一双看不见的手，把那些被重新组合起来的新东西摞起来，装进你的身体里，重建你的认知、思维和心智模式，最终成就一个全新的你。

当这世界上没有你害怕的事情、没有你害怕的人、没有你害怕的后果的时候，你就突破了自我的限制。

而敢于打破自我的人，总是会有很多裂痕。

万物皆有裂痕，那又怎样？裂痕，恰恰是光照进来的地方。

# 03

## 人生没有白走的路，
## 每一步都算数

打造自我定位的闭环系统

18 岁的时候，不知道该选什么专业，考什么大学，去什么城市；

20 岁的时候，不知道是该考研、工作，还是出国，不知道未来在哪里；

25 岁的时候，不知道工作适不适合自己，不知道自己到底喜欢什么；

30 岁的时候，不知道工作怎么突破瓶颈，不知道怎么平衡工作和生活；

35 岁的时候，不知道事业怎样继续往上发展，不知道会不会被社会淘汰；

…………

迷茫，是人生的一种周期性常态。每过一段时间，它就会悄悄涌上心头，让我们焦虑、恐慌、怀疑自己。

我们眼下处于什么样的状况？生活的方向又是什么？我们有什么样的人生愿景，又该如何去实现它？

这些问题每个人都会有，但是大多数人并没有一个明晰的答案。

如果要回答好这些问题，则需要我们去设想人生愿景，为人生进行定位，从而构建出适合自己的成长路径。

也许你在了解自我设限的心智模式之后，已经通过自我探索找到了一些目标。不过，确立一个适合自己的愿景目标只是人生定位的一小部分，如果背后没有一套强大的系统支撑着你去实现愿景，那就只是一场白日梦。

其实，做好自我定位，就是一个明晰自己的价值观、做出人生选择的过程。它不仅可以为你的人生确定一个方向，还能够引导个人在成长的过程中下定决心，制定原则，做好自我管理，养成良好习惯，并且勇于实践，不断重构自己。

这里我们将通过打造一个"自我定位闭环系统"来探讨如何进行自我定位，而这个系统由五个部分组成：

愿景

原则

计划

执行

反思

这五个部分紧密相连，相辅相成。

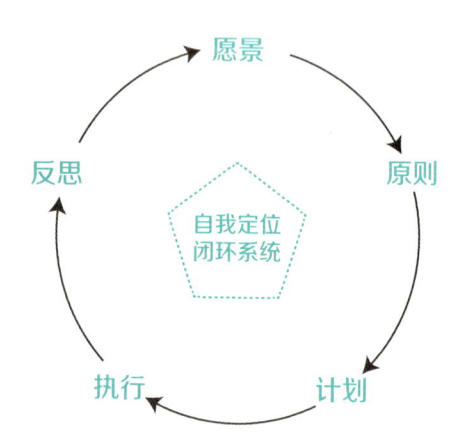

```
        愿景
    ↗       ↘
  反思   自我定位   原则
    ↖   闭环系统   ↙
      执行 ← 计划
```

自我定位闭环系统是一个自我迭代的闭环架构，它让你通过持续的行动计划和反思来践行个人的原则，让原则发挥自然坚实的内驱力，促使我们进入人生的正循环，实现目标愿景。

## 愿　景

关于愿景，说得直白点，就是我们期望自己成为什么样的人，过上什么样的生活。

有了一个清晰的愿景，我们就能找到为之努力的方向，我们就会有意识地在生活中去做那些与愿景一致的事情，让自己的生活充实而有意义。

确定愿景，需要我们去探索内心的真正需求，找到生活的重心。人生的幸福，基本上是所有人的终极追求。《社会动物》的作者戴维·布鲁克斯认为，真正的幸福往往来自两点：

在生活中找到某个使命，实现自我的价值；
与自己、他人以及外在环境构建和谐的关系。

通过上一章节的阅读，你应该已经可以在由内而外的自我探索中，从幸福的两个层面确立愿景。

**实现自我价值层面**

越深入地了解自己，你就越清楚自己的优势是什么，也就越能够围绕自己的优势，结合他人的需求来构建自己的愿景目标。

这样的愿景目标建构在自我价值实现层面，它契合了幸福的第一个要素——找到使命、实现自身的价值，比如你的职业规划目标、个人成长目标、投资理财目标等。

**关系层面**

结合幸福的第二个要素，从关系层面寻找自己的价值存在感，然后定义愿景，比如，你在家庭生活中期望成为一个好爸爸或好妈妈，你在人际交往中期望成为一个值得信赖的人。

在愿景这个环节，除了运用上一章节提及的方法，我们还可以换一个角度，用升维思考的方式来进一步确认自己的愿景目标。

最简单的升维思考之一，就是把人生的时间线拉长到五年、十年后来思考。

股神巴菲特以价值投资闻名于世，他在选择一家公司进行投资的时候，要看这家公司至少五年的财务报表。而那些刚上市的新贵，不管多么地受市场追捧，他都不屑一顾，而在他买进一家公司之后，持有时间往往也是在五年以上。

所以在确定愿景蓝图的时候，你可以站在未来思考这样一个问题："五年后、十年后，我想成为一个什么样的人？"

面对这个问题，你也许一脸茫然，不知道该如何回答。但这并不要紧，重要的是你已经把这个问题提出来，并且积极地开始思考。

**多个人生维度上的角色定位**

一个人在生活中是多维度的呈现，所以在不同的维度上扮演着不同的角色。

如果把人生比作一个圆满的大圈，那它的维度可能也会因人而异，但一般来说，我们可以从幸福的两个要素出发，给自己的人生定义多个维度，你可以参考下图：

**人生维度**

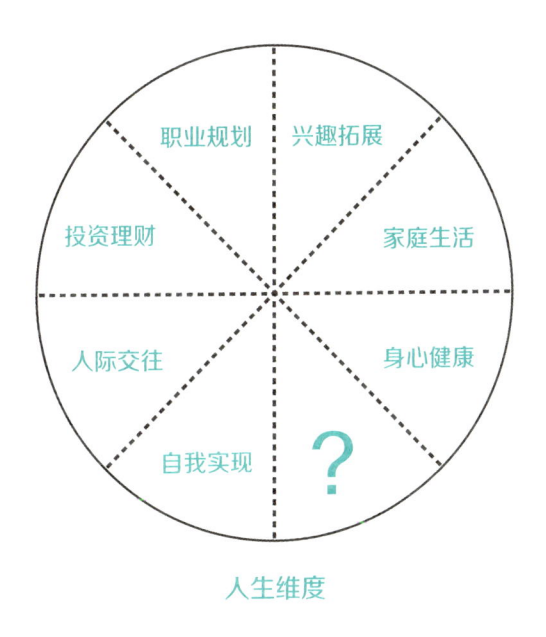

针对每一个维度，你都需要去思考以下两个问题：

我们期望在人生的这个维度上设置一个什么样的长期愿景？

在这个愿景上，我要扮演一个什么样的角色？

通过参考上一节中有关"重新定义你的角色身份"的内容，你可以主动地在人生的不同维度上设置不一样的角色，进而绘制你的人生愿景。

**用 5Why 分析法明确愿景**

利用想象力绘制出了人生不同维度上的愿景目标之后,你可以采用 5Why 分析法,不断地追问自己——"为什么我要设定这个愿景?"

5Why 分析法发源于日本丰田汽车,丰田公司很明确地要求在面对问题时,至少要问 5 个 Why,从而找到问题的根本原因。

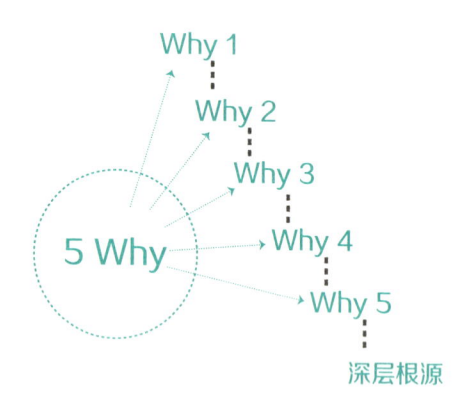

通过不断地追问自己为什么,我们可以发掘出定义愿景目标的深层次缘由,给这个愿景赋予足够的意义。

在寻找愿景背后的深层根源的时候,我们不要卡死在 5 这个数字上,可以是 3 个 Why,也可以是 6 个、8 个或者更多,关键是你要不断追问自己,直到你找到这个愿景背后真正值得你去为之努力的意义为止。

比如,在"家庭生活"这个人生维度,你设定的目标是"成

为善解人意的妈妈",你可以这样问自己:

Why 1: 为什么我想成为一个善解人意的妈妈?
因为我希望孩子能够感受到我的关爱。

Why 2: 为什么我希望孩子能够感受到我的关爱?
因为孩子感受到我的关爱,就会和我构建更好的亲子关系。

Why 3: 为什么我想要构建更好的亲子关系?
因为当我们拥有一份和谐的亲子关系的时候,孩子会更快乐地成长,我也会更幸福,同时也有更多的精力去做其他事情。

当你问到第 3 个 why 的时候,也许你已经找到了对你来说有意义的理由,这时候你就明确了这个愿景的价值和重要性。

再比如,也许有人在"职业规划"这个维度上设定的愿景是"成为研发经理"。如果他不断询问自己为什么,他可能会看到如下答案:

Why 1: 为什么我想成为研发经理?
因为成为研发经理,就可以成为领导,实现职场的跃迁;

Why 2: 为什么我想成为领导?

因为能够领导别人，是一个人职场能力的证明；

Why 3：为什么我认为领导别人就是一个人职场能力的证明？

因为如果一直没有机会走管理路线，就容易被淘汰；

Why 4：为什么不走管理路线，就容易被淘汰？

因为……因为我听到大多数人都是这么说的，我自己其实并没有好好思考过这个问题。

问到这里，他可能会发现，成为研发经理这个愿景，只是自己没有深入思考、盲目从众得到的愿景，并不是自己的主动选择。

所以这个目标并不靠谱，因为你没有想过它是否适合自己，是否结合了自己的优势。

采用5Why分析法追问下来，你就会明确这个愿景目标的真正意义和价值在哪里，最终完成愿景蓝图的绘制。

对愿景的定义和分析，是站在更高的格局上的思考，让你对自己的人生有更清晰的规划。

所以，在自我定位的第一个环节，我们可以从以下两个层面来明确自己真正的愿景目标：

从价值层面和关系层面，结合自身优势以及他人需求，明确自己的目标和角色；

站在更长的时间线上来思考自己愿景的真实性和意义感。

## 原　则

有了愿景，我们就有了明确的目标，接下来，我们就要进入自我定位系统的下一个环节——要实现愿景，需要依赖什么样的原则呢？

在思考这个问题之前，我们首先要明白什么是原则，为什么实现愿景需要明确原则。

原则，是指我们思考行动所依据的准则。说白了，就是自己在做事时知道做什么、怎么做、为什么做。原则能够指导你在生活中做出取舍，在追求愿景时选择正确的方向。

有人说，"是我们做出的大小选择，决定了我们今生成为什么样的人，过什么样的生活"。小到晚上是选择读书还是刷剧玩游戏，大到要找什么样的工作、跟谁结婚、跳不跳槽。

选择之所以难，就是因为我们在当下看不到一个确定性的答案。摆在我们面前的选项往往都各有千秋，着实让人难以抉择。让我们先来看看这道选择题：

>一列火车正在前行，司机突然发现前方轨道上有九个小孩正在玩耍，刹车已经来不及了。
>
>前面还有一个废弃的岔道，只有一个小孩在这条废弃的铁轨上玩耍。如果这时候扳道工扳道岔，改变火车前进的方向，这个小孩就会被撞死；如果不扳道岔，那九个小孩就没命了。

如果你是火车司机,你会怎么选择?

很明显这是一个两难的选择,如果认为存活的人数比较重要,你更可能选择扳道岔;如果你认为在废弃铁轨上玩的小孩遵守规则,生命价值更高,那么你更可能选择不扳道岔。

选择的不同,是因为每个人内心的处事原则不同。你的原则反映了你的价值取舍,或者说利弊衡量标准。构筑原则的,是我们内心的价值观。

价值观就是我们内心的一套信念拼图:你认为什么更重要、什么最重要,它决定了我们看重什么、相信什么、坚持什么、放弃什么。选择,就是基于我们的价值观,对人生中可能的选项进行优先级排序。在做出选择的那一刻,我们就确定了行动的方向。

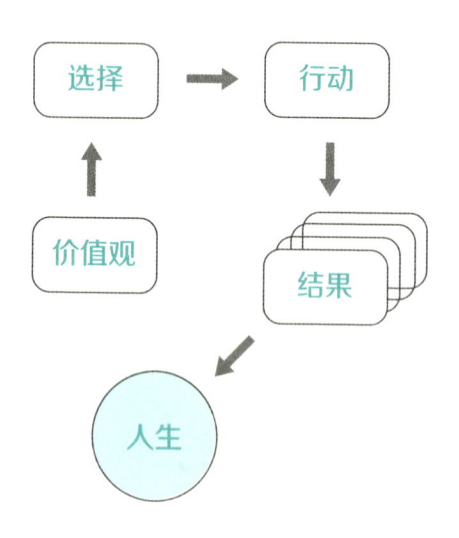

一个朋友在职业选择上最开始毫无头绪,不知道自己要什么、该怎么走。虽然遇到过很多机遇,但她还是很焦虑、很迷茫。

但在随后几年的历练中,她为自己的职业规划设置了几个核心原则:

自主权:有权选择做自己擅长的事情;
成长性:能够在工作中锻炼自身能力;
工作和生活的平衡:能够在工作之余发展自己的兴趣。

有了这样的工作原则,她就可以毫不犹豫地拒绝薪资优厚却非常忙碌的工作,从而选择能够兼顾自己生活兴趣的事业。

制定明确的原则,其实就是把我们内心的价值观清晰化,构建一套更能适应现实世界的心智模式,让我们做出更优选择,达成愿景目标。

创建了世界上最大的对冲基金之一的瑞·达利欧,管理的资金规模高达 1600 亿美元,个人资产达到 168 亿美元,他出版的书籍《原则》也在全球大受欢迎。

《原则》这本书展示了瑞·达利欧在工作和生活实践中总结出来的工作原则和人生原则,并揭示了他是如何通过这些原则获得了如今的成就。

瑞·达利欧说:"我一生中学到的重要的东西,是过一种以原则为基础的生活,而所有的成功人士都是依据原则来行动的。"

那怎样过上瑞·达利欧所说的"以原则为基础的生活"呢？答案就像达利欧在《原则》中带给我们的启示：

每个人都要努力找到自己的原则；
把你的原则写下来，不断地迭代更新；
当我们做选择时，对照自己写下来的原则。

比如，我总结过自己的一些人生原则：

积极主动；
给予是收获的前提；
杜绝比较，看到别人的好；
待人真诚，善意先行，不卑不亢；
摒弃防卫性习惯，塑造成长型思维。

那么，该如何找到自己的原则呢？

**方法一：寻找榜样**

我们可以参考那些伟人和榜样，看看他们是按照什么样的原则来思考、选择和行动。

比如，你会看查理·芒格的《穷查理宝典》，看他的思考原则，你会看巴菲特写给股东的信，理解他的投资原则。

很多大师和伟人的处世原则对我们的日常工作、生活、交际、学习等都有极其重要的指导作用，并且也是我们在自我定位闭环系统的"反思"这个环节中所必须思考的重点。

**方法二：追根溯源**

基于设定的愿景蓝图，你可以通过反复思考以下问题来找到更有利于目标实现的人生原则：

这个原则和我的愿景有什么联系？

如果不去遵守这个原则，对我的愿景有什么影响？

如果遵守这个原则，又会收获什么？是否更有利于实现我的目标呢？

如果我坚守这个原则的话，有什么事情是我绝对不能做的？有什么事情是我必须做的？

在我坚守这个原则的过程中，遇到的最大的阻力是什么？我该如何克服这些阻力？

比如，当你的愿景是"成为一个对他人有影响的人"，那么你在生活中期望扮演的角色可能是"良师益友"——有能力帮助别人，并且能够影响别人。

而基于这个愿景，你需要仰赖的一个原则就是"待人真诚，愿意给予"，愿景和原则就这样联系起来了。然后请继续思考，如果你不遵守这个原则会怎么样呢？

假设你总是欺骗别人，别人也不会相信你，你在别人心里的分量肯定是很轻的，更不要说有影响力了；但是如果你按照这个原则做事，往往就可以得到别人的信任，当别人遇到一些问题或者机会的时候，总会首先想到你，而这就是影响力在发挥作用。

其实，当你在给越来越多的人提供价值时，你就在不断地积累自己的影响力，因为别人会因为你能够为他们提供价值而拥护你。

有了一套相契合的人生原则，我们的愿景才真正有了坚实的内核，我们后续的思维和行动才有了反映客观现实的参照地图，它帮助我们在追求愿景时，总是走在正确的路上。

## 计　划

完成了自我定位系统的前面两个阶段——确定"愿景"和"原则"，我们就可以进入"计划"阶段。

每到新年伊始，大家都喜欢给自己立 flag："我要读书""我要减肥"，但是这样的口号并不是计划，它们只是一个个愿望，还有一些人会在本子里给自己列出各种周计划、日计划，但这些只是任务列表，是计划的一部分。

真正的计划，是为了实现目标而制定的路径规划。

比如，你想要在年底完成一场马拉松，但是你从来没有跑马拉松的经历，因此你计划在未来半年里每天跑步 10 公里，并进行一些体能的训练，同时安排健康的饮食。

跑马拉松是目标，跑步、体能训练、健康饮食是你为了达成目标而规划的行动，而只有目标和规划的结合，才能称之为计划。

大部分人的所谓计划，要么是只有目标没有规划具体行动的愿望，要么是只有一个个塞满待办任务的清单。

这里我们分四步来完成可行计划的制订。

## 第一步：设定合理目标

有人做过一个实验：有三组人，分别计划步行十公里到达一个村庄。

第一组人不知道村庄的名字，也不知道路程有多远，只告诉他们跟着向导走。

刚走了两公里就有人喊累，走了一半的时候，很多人都抱怨为什么要走这么远，何时才能走到？有人甚至坐在路边不愿走，越往后走，他们情绪越低落。

第二组人知道村庄的名字和路段，但路边没有里程碑，他们只能凭经验，估计行程的时间和距离。

走了一半就有人想知道他们已经走了多远，当走到全程的五分之四的时候，大家苦不堪言，垂头丧气。

第三组人不仅知道村庄的名字、路程，而且公路上每一公里都有一块里程碑。

人们边走边看里程碑，每到达一个里程碑大家都会发出欢呼，他们的情绪一直很高涨，越接近目标就越有成就感，所以很快就到达了目的地。

为什么这三组人要去的地方一样，行程相同，但最后的表现和效果相差很大呢？这是因为第一组目标不清晰具体，第二组的目标不可量化，结果他们看不到完成目标的希望，以致怨声载道。只有第三组做好了目标管理，所以这一组的人情绪状态最好，即便徒步劳累，也能顺利完成目标。

德鲁克的目标管理里面有一个SMART原则，它要求目标明确具体、可以量化、可以分解、有截止日期，这样才能客观评估这个目标是好是坏。所以在计划阶段，首先我们要通过SMART原则把主动设定的愿景塑造成清晰、具体、可实现的目标。

什么是SMART原则呢？

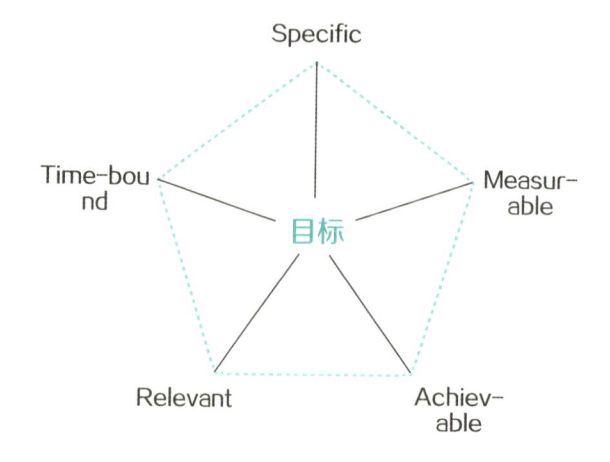

### S：Specific，明确具体的

比如，你的愿景是工作业绩提升、薪资上调，如果直接把它作为一个目标就很不明确，到底你想要业绩提升多少？你希望薪资增加多少呢？

如果要把这个愿景塑造成一个明确具体的目标，应该这样表述：工作业绩比去年增长20%，薪资比去年上涨30%。

为了更好地为愿景设置明确的目标，你可以自我提问6个W：

Why：为什么要实现这样的目标？

Who：目标必须包含什么样的人？

What：究竟想要完成什么任务？

When：要在什么时候实现目标？

Where：要在什么地方实现目标？

Which：目标有哪些条件和限制？

### M：Measurable，可衡量的

所谓衡量，就是要有明确的数据，作为衡量目标是否达成的依据。如果没有衡量标准，就无法判断目标是否达成，也无法判断距离目标还有多远。

比如，一家店铺是否是优秀店铺，就要看它的好评率是否达到了90%。

**A：Achievable，可实现的**

所谓可实现的，就是于你而言，努力一下就够得着的目标。

如果你定下了一个很难实现的目标，它就会在你行动的过程中给你带来很大的挫败感；如果目标太简单，你又会因为缺乏挑战而提不起兴趣，动力不足。

比如，你原本不会画画，但却决定在一年内成为一个有名的画家，这个目标对你来说就是不可实现的。

这时候，你可以先给自己定一个可实现的目标，比如先参加一个绘画培训班，并通过毕业考试。等这个目标达成了，你可以再设置一个更远一点的目标，比如，每周画一幅作品，发布到微博，获得10个粉丝。

目标的可实现性，跟目标的难易程度、复杂程度、个人的能力水平都有关，所以最好通过以往的经验来确定，或者根据小步的尝试来明确目标的可实现性。

**R：Relevant，相关的**

所谓相关，就是目标和愿景的关联情况。如果实现了这个目标，但和你的愿景相关性很低，那么即使达成了这个目标，意义也不大。

比如，你的愿景是成为一名歌手，但是你却把编程作为自己的目标，这个目标和你的愿景不相关，而你更应该把目标设定为学习识谱和练嗓。

**T: Time-bound，有时限的**

有时限，就是指目标要设置截止时间。没有时限的目标，相当于没有目标。

比如，你要读完一本书，准备多久达成呢？一天，一周，还是一个月？

基于愿景和 SMART 原则来制定的目标，往往就是清晰而具体的，这更有利于你最终实现自己的愿景。

另外一个要注意的是，你设定的目标应该和你自己相关，而不要依赖外界环境。

比如，你的愿景是打造个人品牌。为了实现这个愿景，你可以参照 SMART 原则，给自己设定这样一个目标：

> 我要在明年年底之前出版一本成长励志类的插画绘本，绘本要在业内获得很好的口碑，争取一年内累计销量达到一万本，为我打造个人品牌树立第一个里程碑。

这就是一个合理的、跳一跳就可以够得上的目标。

### 第二步：拆解长远目标

我们的愿景往往是长远的，是三年、五年甚至十年之后的目标，如果不把它拆解成一个个可以在短时间内实现的小目标，我们就可能迈不开步子，无法享受过程。

如何进行目标拆解呢？

**用"公式思维"来拆解目标**

对于可量化的目标，我们可以使用"公式思维"来拆解。

让我们先来举一个简单的例子。

比如，你的目标是想在一年内赚 100 万，你就可以从年收入由什么构成这个问题入手思考。站在时间线上思考，你可以得到这样一个公式：

$$年收入 = 月收入 \times 12$$

于是，你的目标"一年赚 100 万"就被拆解成了 12 个小目标，每个小目标是"每个月赚（100/12）万"。

你也可以站在收入来源的角度思考：

$$年收入 = 工作收入 + 理财收益 + 书籍版税 + 兼职插画师收入$$

这样，你就可以把 100 万这个目标拆分到每个收入分类里，看看各个收入分类需要如何设定目标。用"公式思维"拆解目标，就是把目标看成一个整体，然后思考它是由哪些部分组成，通过理解整体和局部的关系来得出公式。而公式一旦成型，小目标也就一目了然了。面对工作和生活中的目标，你可以问问自己，这个目标背后的公式是什么。其实,把一个目标公式化就是拆解它的最好方式。

### 从"资源能力层"拆解目标

对于比较难以量化的目标,我们可以从"资源能力层"入手将一个大目标拆解成小目标,关键要掌握两点:

小目标的达成有助于实现那个大目标,并且小目标之间要有先后顺序,这是一个持续递进的过程;
列出实现小目标所需要的资源和能力。

互联网运营专家张亮曾举过一个拆解目标的例子。

如果你的长远目标是在45岁之前做CEO,那么如果以3年或5年为单位的话,你就可以将它拆分成下面这些小目标:

第一阶段,22岁入行,25岁做到项目经理。这需要你有很强的个人能力,你需要学习项目流程,能够完整搞定项目的合作谈判、落地执行和交付结果。

第二阶段,28岁进入大公司做小主管,或者在小公司做到经理。这需要你能够调动和协调更多的资源,学习如何向上理解领导的需求,向下安排下属的工作。

第三阶段,35岁之前要在大公司成为部门经理或副总监,

40 岁要能够成为大公司总监级的员工，45 岁自己开公司成为 CEO。这些都需要你有很强的管理能力，能够带动团队，培养新人。

明确了一个个小目标以及实现小目标所需要的资源和能力，我们就完成了对定位的另一个维度的定义——对当下状况的审度。

就像我们用 GPS 定位一样，想要到达目的地，就要先明确自己当前的位置，然后才能找到合适的到达路径。

## 第三步：明确关键结果

确定了与愿景目标相切合的一个个小目标之后，我们就了解了自己的真正需求，有了一个比较清晰的价值取舍标准，知道自己要解决的问题是什么，自己要做的事情是什么，需要学习什么知识、积累什么能力。

谷歌公司有一个目标管理工具 OKR——Objectives and Key Results，即目标和衡量目标是否达成的关键结果。而要实现目标，我们就要去做那些对达成目标来说最重要的事情，从而获得关键结果。根据"二八法则"，真正重要的事情只有 20%，所以我们要把 80% 的精力放在这 20% 的重要事情上，从而获得 80% 的关键结果。因此，为了达成目标，我们就要明确和目标相关的关键结果，也就是确定我们必须要做的那些最重要的事情。

那么，如何确定一个目标的关键结果呢？评估要做的事情，做战略性取舍。

面对一个目标,我们总是可以罗列出很多要做的事情,但这并不意味着所有事情都必须做,因为不是每件事情都会得到关键结果。秉承"要事第一"的原则,我们就得问自己下面的问题:

> 如果不做这件事情,对目标会有什么影响?
> 如果没有影响,我是否可以选择不做这件事情?

这样的提问,就是一个逆向思考的过程。你的目标不再是尽可能多地完成任务,而是找到最重要的事情,获得性价比最高的关键结果。

比如,1979年底,英特尔公司陷入困境,它开发的微处理器8086正在被速度更快、更容易二次开发的摩托罗拉68000所取代。面对这种状况,英特尔公司根据自身优势设定了一个目标——使8086成为性能最好的16位微处理器系列。

英特尔使用OKR进行目标管理,按照"要事第一"的思路,列出了获得关键结果的几件重要事项:

> 开发并发布5个基准,显示8086的强大性能
> 重新包装整个8086系列产品
> 将8MHz部件投入生产

当我们明确了关键结果,就同时找到了达成目标所需要的最

重要的事情，这其实就是在做选择、做取舍，让我们找到生活的重心，从而集中精力，把重要的事情做到极致。

## 第四步：制订任务计划

当你确定了对获得关键结果来说最重要的事情，那你就可以把一件事情拆解成一个任务列表，然后通过完成一个个任务来获得关键结果。

比如，你在上海，要去北京旅游，北京就是你的目的地，你会怎么去呢？首先你得买一张高铁票，然后从家里坐地铁到达上海虹桥火车站，然后在火车站坐高铁，到达北京。买火车票、坐地铁、坐高铁，这些就是你为了到达北京所要完成的一个个任务。

把一件事情分解成可执行的多个任务，你可以使用以下两种方法：

### 1. 正向分解

就是考量事情的先后顺序，先做什么，后做什么。

比如，你要临摹一幅水彩画，你的任务列表可能就是：

（1）找一幅喜欢的画；
（2）准备纸、笔、水彩颜料；
（3）用铅笔临摹出线稿；
（4）给线稿上色。

正向分解的关键，在于你自己很清楚做一件事情的先后步骤，或者你能够参考别人已有的方法和步骤来完成这件事情。在这种情况下你可以直接把步骤变成你的待办任务，然后一个一个去完成。

**2. 逆向倒推**

如果面对一个目标，你无法通过时间先后顺序正向分解，不知道从何开始，那就采用逆向倒推这个方法。所谓逆向倒推，就是从终点出发，试着一步步往前倒推，看看要达成这个状态，前一步该怎么走。

我们可以先来做一道数学题：

> 一个小孩有一堆糖果，第一天他吃了1/4，第二天吃了剩下的1/3，第三天又吃了剩下的1/3，这时他还有4块糖果，请问最开始他有多少块糖果？

这个问题就可以用"倒推法"来解决，从他最后有4块糖果可以推出第三天在吃糖果前他有6块，然后可以推出第二天吃之前有9块，所以，第一天他就应该有12块。

对于关键结果也一样，比如你有一件很重要的任务——销售100份重疾险。应该怎么完成呢？每个月的计划如何安排？明天要开始做些什么？你可能一时间很茫然，不知道该怎么办。

这时候你就可以从结果出发，根据自己的工作经验，倒推出要销售 100 份重疾险需要和多少人接触、打多少个电话、拜访多少个老客户、找到多少个新客户、要跟哪些重要的人合作，把这些关键点都考虑清楚了，你就知道每天具体的工作任务是什么了。当你拆解好任务之后，就要把任务安排进你的月计划、周计划、日计划中。

如果一件事情比较简单，不需要拆分成更细的任务，你就可以直接把它安排进周计划、日计划中。

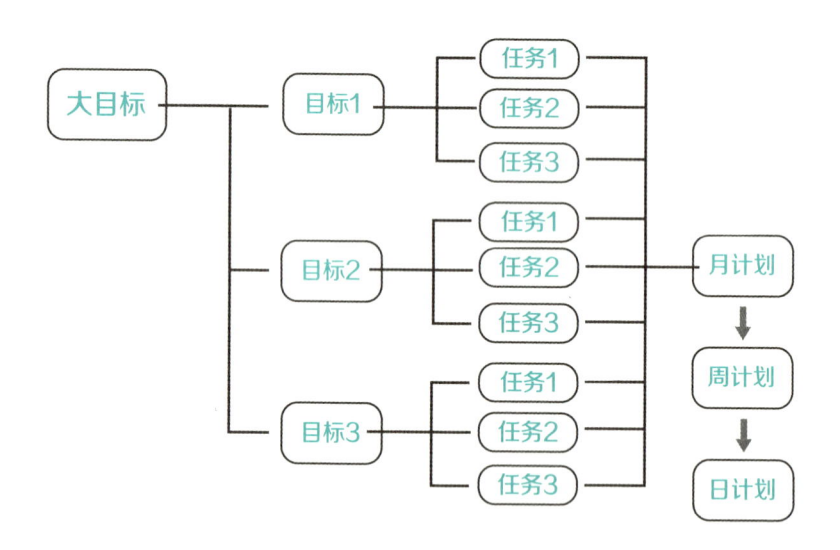

通过一环扣一环的对应关系，月计划之后会有周计划，周计划之后会有日计划，这就会形成有效的价值链。每一类计划都会有自己的任务清单，而你以后要做的，就是某个任务完成了，就

在对应的条目上打一个勾。

当你完成一件件任务，发现清单被打满了勾时，你一定会有满满的成就感。计划制订好之后，我们就可以进入下一个环节——"执行"。

## 执 行

在"执行"这个阶段，我们需要按照自己在"计划"阶段制订的月计划、周计划、日计划来行动。

行动其实很简单，就是在安排好的固定时间专注地去做这件事情的相关任务，以达成关键结果。

而在执行的过程中，我们可以引入PDCA循环，让执行阶段能够顺利进行，并且在行动的过程中获得反馈，不断调整计划，甚至修改目标。

PDCA非常简单，只有4个步骤：

计划（Plan）→ 执行（Do）→ 检查（Check）→ 调整（Act）

PDCA看起来是一个闭环，但在实际的过程中，它的运用应该是永无止境的，每个计划、每个任务都可以引入PDCA循环，层层嵌套，形成"大环套小环"的结构。

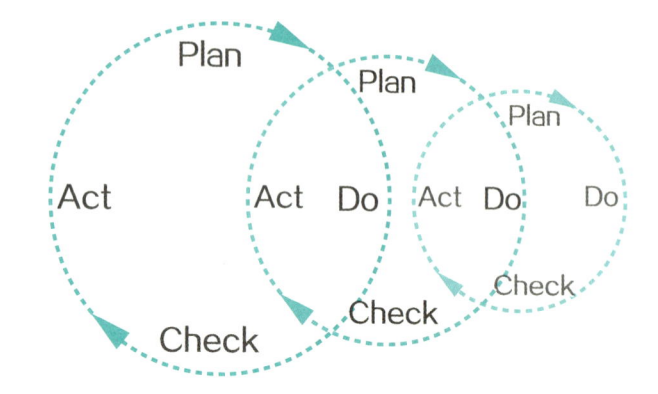

让我们来明确一下在 PDCA 的每个环节中我们都要做些什么。

"计划"这个环节，我们在上一个阶段已经说得很清楚了，这里不再赘述。在执行阶段，我们主要使用 PDCA 的后面三个环节来让计划能够更好地进行下去。

## 一、执行（Do）

我们要执行的就是计划清单里的任务列表，其中明确了"什么时候做什么"。但为了更清晰化我们的任务，我们可以采用 6W2H 的思维方式，让任务更好地执行。

> What：工作的内容和达成的目标
> Why：做这项任务的原因
> Who：参加这项任务的具体人员，以及负责人

Whom：执行的对象是什么

When：在什么时间、什么时间段执行任务

Where：任务发生的地点

How：用什么方法进行

How much：需要多少成本，完成到什么程度

明确这些问题之后，你就可以很快地开展任务了。

## 二、检查（Check）

在执行的过程中，如果一味地按照当下的想法去实施，往往会只见树木不见森林，所以我们要懂得在执行过程中定期反复对它们进行验证。

在检查这个环节，你要关注两类问题：

### 1. 关键结果的达成率

比如，这一周你要收集故事素材，那你收集的情况怎么样？是否达到了原定的收集数量？

### 2. 查明失败的原因

如果没有完成任务，那就需要查明失败的原因，找到解决方案，让计划能够继续执行下去。

执行过程中的问题可能有下面这些原因：

未能采取具体的行动；

意外遇到了新的问题；

计划好的任务与目标存在偏离。

### 三、调整（Act）

在检查环节发现了问题，就需要我们在总结和反思的基础上，调整行动、计划，甚至是目标，从而为下一个 PDCA 循环做好准备。

在执行阶段，你还需要时常审视你的日计划清单、周计划清单和月计划清单。因为当你看到这些任务安排的时候，你的大脑就会得到一些暗示，提醒你还有哪些事情没有完成，给你施加一些紧迫感。

在后面的章节中，我也将从"清单"和"执行力"这两个层面来进一步阐述"执行"这个环节，让我们更自律地行动。

## 反　思

自我定位系统的最后一个阶段，是反思。

其实，"反思"就是一个"调整—试验—观察—分析—总结—修正"的过程。

自我定位闭环系统的每一个环节都需要用到反思，比如反思我们的愿景是否合理、是否是我们真正想要的，反思我们的原则是否反映了客观的真实世界，反思我们的计划是否可执行、是否可以得到关键结果，反思执行过程中存在什么样的问题……PDCA循环中的检查（Check）和调整（Act）其实就是在反思。

所以，在"绘制愿景""确立原则""制订计划""执行计划"的时候，我们都需要好好利用反思这个工具，通过"反思"这个阶段的思考，来发现愿景、原则、计划、行动中的问题，然后针对问题来进行调整，从而不断完善自我、重构认知，真正实现个人的成长，达成自己的愿景目标。

本书第二章第5节会详细阐述如何反思，你也可以直接去阅读反思这一节。

愿景—原则—计划—执行—反思，这五个环节构成了自我定位的闭环系统。

所谓闭环，就是有始有终。它让我们能够凡事有交代，件件有着落，事事有回音。

自我定位的闭环一直滚动下去，就可以在生活中发挥积极的作用，形成一种良性循环。这种心智模式，会让你的能力价值不断螺旋式上升。

## 自我定位的两个维度

自我定位闭环系统兼具了两个维度：

一个是对当下状况的审时度势,也就是计划、执行和反思;

另一个是对未来愿景的笃定坚持,也就是我们的愿景和原则。

在《牧羊少年的奇幻之旅》这本书中,有一个小故事非常有趣。

一个商人派他的儿子去向世上最有智慧的人讨教幸福的秘密,而这位少年在沙漠里走了很久之后,来到了一座美丽的城堡,那里住着他要寻找的智者。城堡宏伟的大厅里人来人往,大家都在欢快地交谈,喝酒,享用美食。智者正在接待那些前来拜访的商人,因为人太多,少年也必须排队等待。

终于轮到他了,但智者并没有直接告诉他幸福的秘密,而是让他手里拿着一个滴了两滴油的汤勺在宫殿里转上一圈,之后再回来找他。同时,智者叮嘱他,走路的时候要拿好汤勺,不要让油洒出来。少年谨记智者的吩咐,眼睛始终盯着汤勺。待他转了一圈回来,智者问他:"你看见我餐厅里的波斯地毯了吗?你看到我墙上挂着的名画了吗?你注意到我图书馆里的那些羊皮卷了吗?"

少年很羞愧,承认自己只顾着不让油洒出来而什么都没有看见。智者说:"你现在只好再回去转一圈,好好看看我这个地方的奇珍异宝。"少年这次拿着汤勺重新回到宫殿,这次他仔细看了看金碧辉煌的大厅,也看到了墙壁上的各种艺术品,这些都让他叹为观止。

看完回来,智者问他:"你汤勺里的两滴油在哪里?"这个少年赶紧看了看汤勺,发现里面的油早就不知道什么时候洒光了。这时候,智者对他说:"这就是我要给你的忠告——幸福的秘密在于欣赏这个世界上的奇观异景,同时,永远不要忘记汤勺里的两滴油。"

在这个智者看来,幸福的秘诀就是既要盯着眼前已有的东西,同时也要看着远处的风景。

在这个世界上,大部分人要么只盯着远方的海市蜃楼,成为胸怀大志却最终一无所获的幻想家,要么只盯着汤勺里的两滴油,只关注目光所及之处,结果就是错失机会甚至走错方向。

而在进行定位的时候,我们既要考虑当下的能力和所处的环境,也要关注人生中更远大的梦想和目标。自我定位不是一个瞬间的动作,它是一个逐步推进、逐渐明晰的过程。也许当下你并不清楚自己的人生方向,对于未来也颇感迷茫和焦虑,但是,你现在唯一要做的依然是启动有关自我定位的思考,拿起笔在白纸上画出一些模糊的轮廓,给自己一个基本的定位意识。

随着你获取的知识越来越多,思考的方式越来越正确,价值观体系越来越明确,你的自我定位也会越来越清晰。你先前画好的模糊轮廓，随着自我的不断探索和成长，也会被不断更新——添加一些新的颜色，抹去一些不和谐的线条，甚至是换一张白纸重新绘制，这些都可能发生。

但人生没有白走的路，每一步都算数。

# 04

## 明白人，都愿意下笨功夫

如何实现个人成长的复利效应？

我们见证了微信从无到有，再到现在的无人不用；共享单车横空出世，共享经济让很多人前仆后继；甚至身边一个普通的创业者，也突然晒出耀眼的资本红利。于是，很多人开始焦虑，质问自己为什么不能快一点。

我现在有了自己的愿景目标，也懂得要做计划、要去执行、要会反思，可是这个闭环系统能不能运转得快一点？

### 慢就是快，少即是多

这个社会变化得越来越快，对人的要求也越来越高，所以我们本能地以为"快"才是根本。

有的人想要快点赚钱，所以就只盯着钱看，却忘记了"要赚到钱，工夫在钱之外"。

有的人想要快点成长，所以就偏爱各种"21天打造高效习惯""10天学会写作"之类的速效课程，却从来不知道"成长是一个过程，而不是一个结果"。

有的人想要快速成名，所以就总把关注的焦点放在那些旁门左道上，却不记得"台上一分钟，台下十年功"。

其实，快只是一个结果。

想要快点赚钱、快点成长、快点成功，本质上都是想要能力提升得更快，但是能力的提升，却不见得能有多快。相反，越是想要快速提升能力，反而越需要下慢功夫。

《富兰克林自传》里有个"慢功夫"的故事让我印象深刻。

富兰克林在很小的时候就到印刷厂当学徒工，当他看到报纸印出来的时候，他希望未来自己的文字也能印刷在报纸上。

不过，他没有立刻发表文章，而是从杂志报纸上选喜欢的好文章来读。他读的时候会把不同的段落抄在卡片上。等他读完之后，把卡片收集起来，打散。几天之后，他会把卡片里的话按顺序排列，深入理解文章的结构，自己再根据这个结构把文章重写一遍。这个过程并不容易，甚至有时候会写不出来，效率可以说很低。

文章写好之后，再拿来跟原文对比，他会发现自己的理解跟原文存在着差距。这时候，他会重新阅读原文，然后重写，再去跟原文对照。一篇文章，他需要反复重写四五次才能逐渐接近原文。富兰克林的方法看起来很笨，但似乎又有一种神奇的力量，让他在短短一年多的时间里从印刷厂的学徒工成长为专栏作家。

其实，慢一点，也许更快些。所谓快，只是前面慢慢打磨出来的结果。快速地提升，往往都是昙花一现，而花费慢功夫打磨，才能深入到事物的本质，掌握底层的规律，以不变应万变。

曾国藩自认为是一个天资愚钝的人，科考落榜了三次，但是他在政治、军事上取得了很多比他更有能力、有才华的人都难以企及的成就。对曾国藩来说，打仗有一套简易实操的心法——"扎硬寨，打呆仗"。

**扎硬寨**

所谓扎硬寨，就是每次打仗，都要派人先去城池外勘察地形，选好扎营地，然后动员所有兵力挖战壕，壕沟一般深一尺，用来防止步兵，挖壕沟的土也要搬到较远的地方，避免敌人用挖出来的土回填壕沟。

把寨子扎稳了，进可攻，退可守。

**打呆仗**

所谓打呆仗，就是我不玩什么花招，就是用最简单的方法跟你打，不急着进攻，但是稳稳地守着，把敌方围困至弹尽粮绝，乖乖投降。

曾国藩的战术看起来很简单，但是他却用这种呆笨的方式稳扎稳打，步步为营。其实读书也跟打仗一样，不要追求快速读完很多书，而是要学习曾国藩的"扎硬寨，打呆仗"的战术。

不仅仅是读书，在学习、兴趣、感情方面，也都得慢工出细活。

## 个人成长的复利曲线

人生是一个价值积累的过程。

追求快，是人性。人性本贪，多多益善。而慢就是快，则意味着我们大部分时间都要跟人性对抗才能获得长期胜利。

很多人都听过"要和时间做朋友"，如果把这句话作为人生原则，它背后的道理到底是什么呢？不是说时间会稀释一切吗？那么时间又怎么会成为价值的放大器呢？

先来听这样一个故事。

传说曾经有个国王，非常喜欢国际象棋，所以决定赏赐发明国际象棋的人。这个人对国王说："陛下，我不要金银珠宝，我只要小麦，请在象棋的第一个格子里放 1 粒小麦，第二个格子里放 2 粒，第三个格子放 4 粒，第四个格子放 8 粒，以后每一小格都比前一小格加一倍，直到放满 64 个格子。请你把摆满棋盘上所有 64 格的麦粒都赏赐给您的仆人吧！"国王觉得最多一袋麦子就够了，就答应了他。当人们把一袋袋的麦子搬进来开始计数的时候，国王才发现，实际上要放满象棋的 64 个格子，需要非常非常多的麦粒，就算把全国的麦粒收集起来，也满足不了那个人的要求。

这个故事背后反映的其实是复利效应。

什么是复利呢？

复利是一个经济学的概念，是指在每经过一个计息期后，都要将这期间生成的利息加入进本金，以计算下期的利息。

按照通俗的说法，就是"利滚利""钱生钱"，你做事情 A 会导致结果 B，而结果 B 又会反过来加强 A，从而不断循环，结果不断扩大。

就像滚雪球，刚开始的时候只是很小的一团雪，但随着附着的雪越来越多，它就会变得越来越大，而越来越大的雪球，在滚动的过程中，又能够粘上越来越多的雪，如此一直滚下去，雪球就会不断变大。

最伟大的科学家之一爱因斯坦曾经说过："复利是世界的第八大奇迹。"之所以把复利称之为奇迹，就是因为它确有神奇之处。

比如，世界人口的增长就是复利效应的体现。

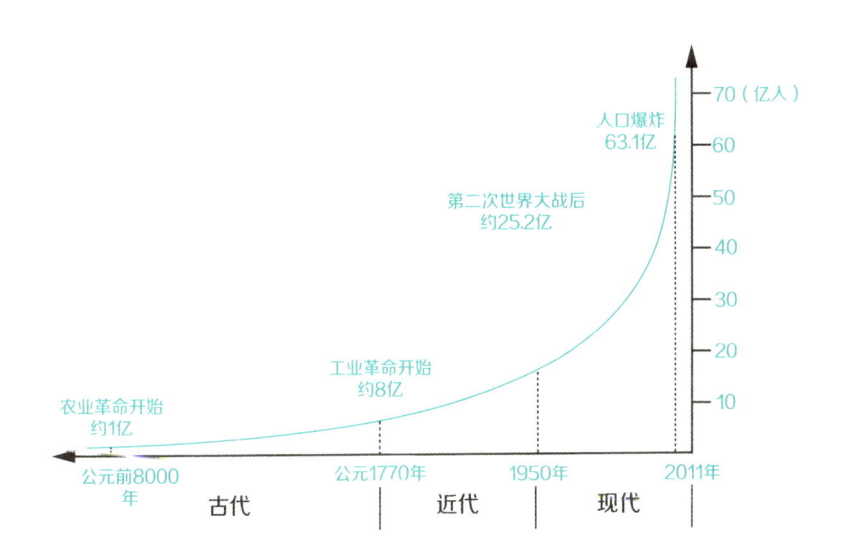

```
                                                    ↑
                                                   70(亿人)
                                     人口爆炸
                                     63.1亿          60
                                                    50
                        第二次世界大战后
                        约25.2亿                     40
                                                    30
                                                    20
                 工业革命开始
                 约8亿                               10
   农业革命开始
   约1亿
 ←——————————————————————————————————————————————→
   公元前8000           公元1770年   1950年    2011年
   年
         古代              近代       现代
```

再比如，巴菲特这一生的财富增长：

**沃伦·巴菲特
财富增长历程**

单位：美元
1899—2017年

沃伦·巴菲特财富增长历程柱状图：
5K(15) 6K(16) 10K(19) 20K(21) 140K(26) 1M(30) 1.4M(32) 2.4M(33) 3.4M(35) 7M(35) 8M(36) 10M(37) 25M(42) 34M(43) 19M(44) 67M(47) 376M(52) 620M(53) 1.4B(56) 2.3B(58) 3.8B(59) 17B(66) 36B(72) 58.5B(83)

年龄

第一章 人生定位  81

回到仆人向国王要麦粒的故事，让我们来计算一下，看看复利效应到底有多厉害。

$$总的麦粒数 = 1 + 2 + 4 + 8 + \cdots\cdots + 2^{63}$$
$$= 2^{64} - 1$$
$$= 18446744073709551615$$

最后的麦粒总数是一个非常庞大的数字，如果按每 35 粒 1 克估算，放满棋盘所需的小麦共重 5270 亿吨。当今全球小麦的年产量大约是 7 亿吨，要生产出 5270 亿吨小麦，需要近 800 年的时间。由此可见，复利这种非线性增长，会产出巨大的累积效应，随着时间的推移，增长就越来越快。

总结一下复利所展现出来的趋势，我们可以得到如下的曲线：

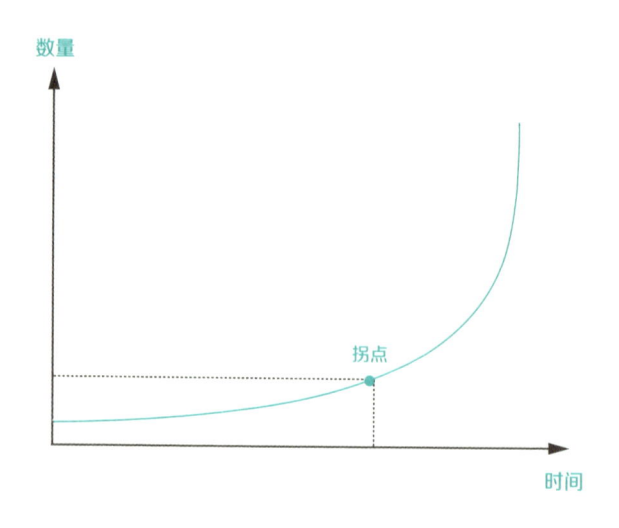

当你在做一件具有复利效应的事情的时候,在很长很长的一段时间内,可能几乎看不出有什么进步。然而,忽然在某个时刻,你好像突破了瓶颈,到达了拐点,水平一下子就显现出来了,然后增长得越来越快。

对每个人来说,很幸运也很公平的是,个人的成长、知识的学习、财富的累积、能力的提升等,大体上都符合复利曲线的增长模式。

从巴菲特的财富增长历程中可以看出,他一生中99%的财富,都是在50岁之后获得的,而在这之前,他和很多普通的中产阶级一样。之所以能够成为首富,是因为他几十年来保持着19.8%左右的财富复合增长率,从而获得了长期极大的价值回报。

按照复利的指数型增长来计算,财富、知识都可以不断积累,可为什么大部分人还是赚不到钱、没有好的关系、提升不了技能呢?

归根结底,复利真正的核心在于时间,而复利曲线的最大风险,就是中途退场。你可以在某一天像打了鸡血一样地努力奋斗,但你却很难十年二十年如一日地拼搏;你可以在某一年获得20%的资金收益率,但却很难像巴菲特那样几十年保持这样的高增长率。

复利效应的背后,需要我们有足够的耐心去积累、学习和进步,并且需要时间的长期加持。没有这些,我们根本到达不了复利曲线的拐点,也看不到未来那个无限可能的自己。所以,一个人想要有所成就，就要懂得跟时间做朋友，让复利效应来放大你的价值。

查理·芒格曾说："每天慢慢向前挪一点。到最后——如果你足够长寿的话——像大多数人那样，你将会得到你应得的东西。"而所谓的奇迹，也不过就是长时间的复利效应积累的结果。

## 真正厉害的人，凡事都不走捷径

在复利曲线出现拐点之前，是一段看起来没有太大起色的、近乎水平的线段，需要经过漫长的等待。

大部分人在漫长的积累期里，总会找到中途退场的借口，因为这个时代渐渐不再信奉用心和努力，认为那是抚慰人心的鸡汤，相反，他们开始极力地吹捧"选择大于努力"。

努力渐渐成了一个贬义词，我们把大量的时间精力放在繁多的选择上，而不去行动和试错，总不停地在寻找最好的方法、最快的路径、最优的决策，却从未觉察到，成功也需要时间的沉淀和积累。

选择大于努力，这句话说得没错，但在面临选择之时，我们往往并不知道该怎么选。也许你身边有人在十年前选择把钱投进房市而不是股市，结果实现了财务自由。从现在看，他的选择完全正确，可是在十年前，谁都不敢肯定。很多所谓正确的选择，更多的只是一时的好运,而运气却不是我们能够把控的。

选择当然非常重要,可是只做选择而不去努力,你选对的概率并不会提升。

一个好的人生选择,背后支撑它的常常不是一时青睐过你的好运气,而是你过往的学识、经验、认知和能力,它们才是你做出正确选择的重要筹码。而学识、经验、认知和能力的积累,需要的恰恰是用心的努力,而不是各种多快好省的捷径。

有一次我去请教一位行业大牛职业发展的问题,她曾经供职于华为,后来离开职场做独立咨询。

在和她交流的过程中,我发现,很多对我来说很棘手的职场难题,于她而言完全不是问题。因为在她看来,大部分的问题经过抽丝剥茧之后,都来自我们思维上的懒惰和行动上的怠慢。

谈到行业最近流行的人工智能时,她说自己正在深入了解和学习人工智能的相关知识。她首先去看了人工智能的资料,发现其中涉及了很多统计学知识。这部分大学学过的知识她现在几乎忘得差不多了,哪怕是要看懂别人的推导过程也非常吃力。所以她选择停下脚步,把大学的统计学课本拿起来重新学习,等相关统计学知识捡起来之后,再回到人工智能的学习。在继续学习的过程中,她又发现其中涉及很多微积分的知识,结果她又把大学的微积分课本拿了出来,重新补习微积分。

更让我震惊的是,吃饭时她包里还带着微积分的习题集,准备在下午闲暇之时练练手。

我们总以为厉害的人天生就聪明，拼的只是天赋和选择，可如果你真的见识过厉害的人，你看到的往往是脚踏实地的努力，还有跟自己死磕的果敢。

反观大部分平庸的人，他们不爱为难自己，总是选择走那条最容易走的路。

而爱走捷径的人，往往都有一个特点，就是特别喜欢追求干货。干货这个词在这个互联网时代越来越盛行，在很多人眼中就是那种可以直接拿来进行操作的东西，它追求的是简单、高效和速成。相对于这种所谓的干货，过去我们喜欢看的那些鸡汤类文章慢慢被大家鄙视、嫌弃，被认为是一种掺杂了过多水分的毒药，一无是处。唾弃鸡汤、追求干货，其背后的逻辑，说到底就是试图用最小的成本、最低的风险，以最快的速度获得立竿见影的效果。正是这样的逻辑，让很多人热衷于参加各种打着干货旗号的课程和活动。

很多人会报名参加一些知识分享活动，在华丽的PPT演示、各种方法论和小技巧的帮助下，认真地做好课堂笔记，满心鼓舞地觉得自己学到了很多干货，然后整个过程戛然而止，不再有后续的行动。追求干货最大的陷阱，一个是让我们直接放弃了独立思考，奉行"拿来主义"的原则；另一个是它鼓吹一种凡事有捷径的干货思维，就像"3·15"打假常常看到的假冒伪劣产品的广告,"药到病除""一用就灵""10 天精通写作""普通人如何月入十万"等。

大部分不想脚踏实地用心努力的人,大脑里都潜藏着一种"好逸恶劳"的心智模式。他们只看到某些牛人光鲜亮丽信手拈来的自信和轻松,却从不曾了解过他们独自努力时的孤独和艰难。

考虑职业发展时,你不是主动地去认识自己、了解自己,而是直接去问别人你适合做什么样的工作。

面临重大决策时,你不是去深思自己到底想要什么,而是纠结于那些表面的利弊得失。

如果你真的凡事走捷径,就会发现自己不但浪费了大量的时间和金钱,还无法真正静下心来去积累。这个世界上能够快速获得的东西,一般来说都是廉价的,真正有价值并且稀缺的东西,往往都需要我们去积累、去思考、去感悟。

### 如何正确地下笨功夫

你总是跟别人要书单,想要通过快速地阅读很多书来完成人生逆袭。可是真正的洞见,不是说你把书读完、把干货记下来就可以得到的。这需要一个过程,这个过程中有思考、有反省、有记录、有实践,很多东西只有在持续地积累到足够之后,才能产生一种深刻的见解,而这个过程是无法替代的。

很多人选择了最容易走的路，而每条捷径的背后，往往都有一个大坑在等着你。虽然生活没有捷径可走，但人生中总是有一些朴素的科学道理，越早知道越好，越早践行越好。它们看起来平淡无奇，但却可以让我们不走捷径也能收获人生的复利。

**方法一：以最快的方式开始，以最大的耐心行动**

世上没有快速成功，但技能却可以快速入门。

什么叫快速入门？就是在涉足一个新领域、学习一项新技能时，掌握最少量的必要知识。

比如，你想学会制作PPT，那你就只需要记住两点：

言简意赅；

留白。

一个好的PPT，往往是非常简洁的。所以你需要精简要表达的东西，试着参照"奥卡姆剃刀原理"——"如无必要，勿增实体"，让PPT上的每一句话、每一张图都有存在的意义。另外，留白可以带领用户聚焦于你想让他看到的内容，你完全可以参考黄金分割比例来架构一张PPT的空间，比如，将幻灯片的长宽比设置为16∶9，这是比4∶3更接近0.618的比例。

掌握了最少量的必要知识，你就可以快速入门，接下来就是耐心地去实践和运用。现状是过往积累的结果，所以要改变现状，其实是非常困难的，唯一可以做的就是以现在为起点，一步一步地耐心积累。

**方法二：刻意练习，打造底层能力**

复利效应的积累，不是简单地重复，而是需要我们刻意地练习，进而形成自己的能力圈。

任何有所成就的人，都需要经历一段枯燥而漫长的刻意练习。就像专业棋手不是一上来就对弈，而是要经历很长时期的识谱打谱练习，不断精进，拓展能力的边界。更重要的是，我们需要把刻意练习放在底层能力的打造上。

什么是"底层能力"呢？

底层能力，说白了，就是在哪里都能够用得上的能力。

比如，逻辑分析能力不仅能让你在网购时甄别真假，还能让你在工作中发现问题，解决问题。

再比如，卓越的学习能力不仅能够让你更快更好地掌握新知，还能让你把新知识和旧知识整合起来更新自己的知识框架。

底层能力还包括探索能力、审美能力、概率预测能力等，我们可以通过刻意培养这些能力来打造自己的底层能力圈。

有了强大的底层能力圈，你在做很多事情的时候就会比别人更高效，也更容易达成目标。

关于如何提升各方面的底层能力，以及如何进行刻意练习，本书后面会有专门的章节进行探讨。

**方法三：专注**

在快速入门之后开始刻意练习，这需要经过一个漫长的复利曲线的平淡期，而这期间我们会面对很多干扰：或者是手机游戏的诱惑，或者是他人对我们的打击，或者是自己情绪的波动。

唯一能够对抗外界干扰，让我们尽快度过那个平淡期的，就是我们的专注力。

专注力，就是一种心无杂念地活在当下的能力。当你专注的时候，你会忘记自己、忘记时间，耐心地去做一件事情，待你回过神来，时间已经飞快地流逝，而你也获得了能力的提升和价值的递增。

现代的快捷生活，让我们的大部分动作都能够得到快速的反馈。你手指一触及屏幕，手机就会立马给你想要的消息；你只要在美团下个单，外卖就能很快送到你家；你只要点开视频通话，对面就能够出现你想要见到的人。

世界开始以一种急切的方式塑造我们对于时间的感知和体验，可是，对于现实来说，这种时间感知却并不真实。

只有当我们慢下来专注地去做一件事情的时候，我们才有机会沉浸其中，感受自己是怎样一分一秒地聚焦其中，怎样一步一步地把这件事情完成的。

这种持续可见的成就感，会驱除我们内心的焦躁不安，提升自我的认可度，形成一种积极的人生模式。所以，我们需要提升专注力，重塑自己对于时间的体验，这样才能有足够的耐心，高效地把人生的一件件事情做好。

如何保持专注力呢？

**1. 保持觉察**

专注力本身就是一种意志力资源，很容易被消耗。当我们无法集中精力做事的时候，就需要通过有意识的觉察，及时把涣散的注意力调整回来，重新专注于正在做的事情上。

而经常练习冥想，不但能够修身养性，还能够提升你的觉察力，让你有意识地专注于当下。（在第三章中，我们将会阐释如何进行简单的冥想。）

**2. 营造专注的氛围**

专注的能力现在越来越不好练，因为让我们分心的事情实在太多了。这时候最重要的方法就是把所有能分心的东西都屏蔽掉，眼不见为净。比如，把手机移出你的视野范围。

**3. 调成单任务工作模式**

一个人很难同时专注在两件事情上，所以，想要充分利用自己的专注力，就要全神贯注于一件事情。你可以把事情分配到每个小时，每次只做一件事情，并且为这件事情设定一个明确的关键结果。这样不论是工作还是决策，或是跟朋友相处，你都能够全心投入，最后真正地把这件事情做好。

### 4. 劳逸结合

专注是极耗精力的，所以当你专注了一段时间之后，总是需要休息一下重新积蓄专注力。只有劳逸结合，专注才会发挥最大的效应，给你创造最大的价值。研究建议，把工作的时间分成一个个的区块，每个区块由 50 ～ 90 分钟的高强度工作和 7 ～ 20 分钟的休息组成。这样的时间安排，既可以保证一段持续的高强度的专注，又能让身体得到合理的休息。

另外，充足的睡眠，也是保证你日常专注力的一个必要条件。

## 方法四：靠近那些厉害的人

如果你没有真正地接触过厉害的人，那你根本就不会知道真实的他们到底是什么样子，也无法了解他们到底做了什么事情才变得如此厉害。当你真正地了解过你佩服的人，看到过他们如何行动，感受过他们如何思考，听到过他们如何表达，你才可能在这种耳濡目染的熏陶中得到提升，获得自我成长的信心和动力，从而持续地积累，到达复利曲线的拐点。

这就像是原子中电子的跃迁，它需要去外界吸收能量，如此才能摆脱引力的束缚，跳出当前的轨道，到达一个能量更高的轨道。

这些极其朴素的道理或者行事原则，与走捷径最大的不同，就是它们蕴含着"但行好事，莫问前程"的积极心态，而不是"好逸恶劳"的心智模式。

如果你能够持续地践行这些道理、原则，你就能够以最快的成长速度达成自己的愿景，突破人生复利曲线的拐点。

# 05

## 终身成长的底层逻辑

不要用你的现在,去定义你的未来

如果你能够耐心地积累，走过漫长而孤独的积累期，最终跨过复利曲线的拐点，达成自己的目标，接下来你是不是就可以停下来，一劳永逸地享受既有的成长果实呢？

我有个朋友回老家过年时特别去看望了高中的班主任。

那位班主任是一位很有修养的知识分子，她的女儿在香港大学刚读完了博士，正准备进入一家全球性科研机构做自己喜欢的课题研究。

朋友听到这个好消息之后很感慨：自己毕业之后就没有想过学习的事情了，而别人在二十来岁的年纪就已经读完了博士，现在依然在持续地钻研新的课题，充满热情。

其实生活中，我们很多人从大学毕业之后，就没有想过要继续学习。

我们的父母从小就给我们种下了一个简单而肤浅的目标——"考上大学"。

考上大学之后的目标呢？没有了。

这也是为什么我们考上大学之后就松懈了，整个人像是脱了缰的野马、逃出笼子的小鸟，撒了欢地放纵、享受，因为大部分人已经没有了为之奋斗的目标和动力。而那位老师和其他父母很不一样，她给女儿设定了一个长远的目标——"终身成长"。

也就是说，努力、奋斗和持续积累，应该成为生活的一种常态、人生的一个习惯，而不是达到了一个目标之后就可以一劳永逸，停止不前。

这就是朋友老师的女儿能够不断地取得优异成绩的秘诀。她不仅仅拥有"考上大学"这一个目标，而是实现了一个目标之后又会有一个新的目标——大学毕业之后去留学，留学之后去读博，读博之后去做研究——这些目标为她持续的努力奋斗赋予了意义和理由，最终让她能够跨越很多人画地为牢的舒适区，实现自己想要的理想生活。

给人生持续地设立新的愿景并不是太难，可我们很多人却做不到。要么是太懒惰，不愿意思考自己的未来，要么是期待别人给自己设定一个目标，就像当年父母督促我们考上大学一样。

我们总容易陷入当前的舒适安逸中，在到达成长的一个里程碑之后，要么感觉自己已经足够好了，满足于当下的成功，要么不愿意去承受可能的失败，止步不前，丝毫没有察觉到自己的人生曲线没过多久就开始回落,甚至可能跌落至曾经的起跑线之下。

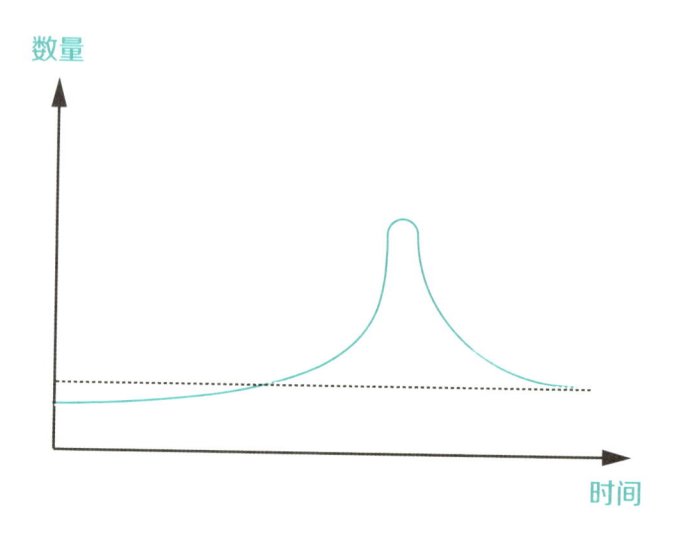

## "终身成长"背后的心智模式

"终身成长"的内核是一种成长型心智模式。拥有这种心智模式的人,相信自己可以通过投入热情、教育、努力和坚持来发展自己的品质才能,每个人都能够通过实践和体验得到改变和成长。他们不在乎自己是否看起来聪明,而只关注能不能从中学到东西,能力能不能变得更强,自己能不能继续成长。

在成长型心智模式的驱动下,这类人更愿意尝试新事物,拥抱新变化,认为错误和失败在所难免。但是大多数人所秉持的并不是成长型心智模式,而是与之相反的僵固型心智模式。

持有僵固型心智模式的人，相信人的天分和才能是固定不变的，他们没法通过行动来做出改变。

他们总想证明自己的天分和才能，认为如果一件事情需要付出太多努力才能办成，就说明自己不够聪明能干。在这种心智模式的驱动下，他们无法接受失败，总想掩饰缺陷，对犯错和挫折做出防御性的反应。

成长型心智模式和僵固型心智模式，是美国斯坦福大学的心理学教授卡罗尔·德韦克在《终身成长》这本书中提出来的。这两种基本的心智模式为我们塑造了完全不同的心理世界，进而深刻影响着我们的行为。要判断自己拥有的是成长型心智模式还是僵固型心智模式，最简单的就是问自己几个基础问题：

你觉得智力和能力是可以提高的吗？
你认为性格是可以改变的吗？

如果答案为否，你持有的就是僵固型心智模式，反之，则是成长型心智模式。在生物界的进化中，各物种通过不断试错、不断复制变异来适应外界环境，同样的道理，个人的能力也在不断试错、不断纠正的过程中得到提高。

拥有了成长型心智模式，我们就会敢于去尝试和探索，以自身进步为标准，不断成长和超越自己，从而变得优秀，不断地去实现目标，而这正是"终身成长"的内涵。

反之，如果我们抱持僵固型心智模式，就会因为恐惧失败而止步不前，错过一些让自己学习和成长的机会，最终自我设限。

比如，大部分人在大学毕业之后就不再去发展自身，认为一个人的性格、能力和三观是恒定不变的，他们总是用自己的现在去定义未来，所以停止学习，停止成长。一旦碰壁或者失败，他们就会遭受重创，习惯性地选择逃避。

人生中最重要的一件事情就是"终身成长"，如果你真的成长了，证明自己的过程就自动完成了。

## 微软的心智模式转变

事实上，不仅仅个人要把自己的心智模式定位为成长型，由个体构成的公司组织也需要拥抱成长型心智模式才能不断进化，以便在未来的竞争中拥有核心优势。

微软公司曾经因为 Windows 操作系统的盛行而享誉全球，但是在过去长达十年的时间里，它的市值原地不动，搜索引擎干不过谷歌，做手机拼不过苹果，错过了整个互联网时代，甚至有过大量裁员的经历，这一切似乎表明属于这家公司的时代已经过去。过去的微软，有非常多的聪明人，公司也流行聪明人文化，也就是说，你要时刻表现得比周围人优秀，比周围人聪明，否则你就可能被人质疑和批评。微软人习惯维持自己永远正确的地位。他们所展现的正是僵固型心智模式，而由这种模式引发的决策和行动让整个微软迷失了方向。

近几年，你会发现微软正在逐步发力，并且已经从低谷走出来了。在 2019 年初，它的市值超越了苹果，再次夺回全球市值第一的宝座。这一切都要归功于在微软迷失之际站出来的印度人萨蒂亚·纳德拉，这个在微软工作了 20 多年的员工，成了微软的 CEO，从 2014 年开始带领着微软走出迷茫，重新回到浪潮之巅。

他是如何做到的呢？

他上任第一天就发布了一份声明，宣布微软要"移动为先，云为先"。相反，他一次也没有提到 Windows。他非常清楚，要重回巅峰，就必须适应时代的潮流，跳出已有成就的束缚，拥抱变化，接受新挑战。萨蒂亚关注的不是过去和现在的成绩，而是未来成长的可能性。

苹果超越微软成为媒体新宠时，微软输给了苹果的言论甚嚣尘上，但是萨蒂亚却说，微软输给了苹果又怎样，输给苹果难道就不能跟他们合作吗？在 2015 年的一个公司活动上，萨蒂亚从口袋里掏出了一台 iPhone 来做演示。他说这是一款十分特别的 iPhone，因为它拥有微软的 word 文档，有微软的 excel 表格，有微软的 PPT，有各种微软的办公和效率软件，这就是微软与苹果合作的第一步。

微软错过了移动互联网的很多机会，但是它依然可以通过自身的不断成长进入每一部手机。在微软这个庞大组织中植入了成长型心智模式，它才真正地意识到最重要的事情就是成长。过去怎么样不重要，现在怎么样也不重要，重要的是从现在开始能够不断进步，不断改变。

## 两类心智模式的理解误区

**误区一：一个人只能拥有一种心智模式**

事实上，心智模式不是一个人身上恒定不变的特质，它完全可能随着情境不同而变化。我们可能在一个领域表现为僵固型心智模式，而在另一个领域表现为成长型心智模型。比如，有人在个人学习和技能的提升上，倾向于成长型心智模式，能够积极努力，勇于实践；但是在人际交往中却表现为僵固型思维模式，认为自己不擅长交际，再怎么努力也很难与人沟通。

**误区二：成长型心智模式就是拥有灵活性和开放性**

很多人认为，如果自己是一个思想开放、灵活性高的人，他们就拥有了成长型心智模式。但事实上，成长型心智模式的关键在于，人们相信自己的能力是可以发展的。灵活性和开放性，与专注于能力的拓展是两件不同的事。因为有的人可以沉浸在自己杰出的灵活性和开放性上而不愿意继续进步和拓展自己的能力，这显然不是成长型心智模式，而是僵固型心智模式。

**误区三：成长型心智模式关注的只是努力**

并不是所有的努力都算得上拥有了成长型心智模式。努力的过程不仅包含努力本身，还包括在采取的策略不奏效的时候，能够积极地改用新的策略，而不是运用无效的策略一遍一遍做着没有价值的努力。

就像学习一门很难的学科，有的学生通过死记硬背的方式学习，而另外一些学生尝试各种办法，利用各种资源去学习，比如调整学习策略、研究错误原因、积极向老师寻求帮助等。前一类学生的努力是基于僵固型心智模式，而后一类学生才是基于成长型心智模式。

**误区四：僵固型思维的人不可能成功**

其实，僵固型思维的人，也会积极努力地去追求一个目标，并且也可能取得很大的成绩，但是他们却很容易给自己的成功设限，到达了一个里程碑之后，即使不退步，也很难会有新的突破。只有拥有成长型心智模式的人才能够在达成了一定成就之后，依然积极地拓展自己的能力圈，触达下一个新的目标。

**误区五：心智模式只存在于大脑的感觉上**

心智模式不是简单地由你在当下怎么想来确定的，它是通过你的行为来鉴别和表现的。如果你觉得自己是拥有成长型心智模式的人，但是在行动上却常常害怕犯错、害怕批评、回避挑战，事实上你持有的就是僵固型心智模式。僵固型心智模式可能来自你没有觉察到的潜意识，嘴上虽然这么说，行动却很诚实。

## 如何重构终身成长的心智模式

从僵固型心智模式转变为成长型心智模式，并不是一个瞬间的闪念就能大功告成。你不会在某个时刻突然获得成长型心智模式，而是要像其他技能一样，不断地练习，不断地加强，形成新的思维习惯，这是一个逐步接近成长型心智模式的过程。

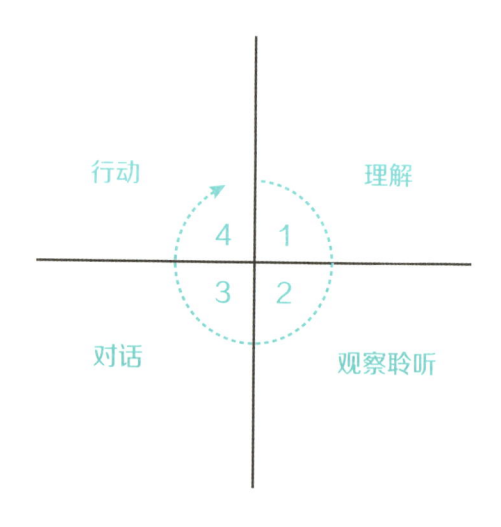

行动　　　　理解

4　1

3　2

对话　　　观察聆听

**深刻理解**

要转变心智模式,尤为关键的是要对不同的心智模式有深刻的理解。

我们可以通过下面这幅图来了解这两种不同的心智模式在面对同一件事情时的反应。

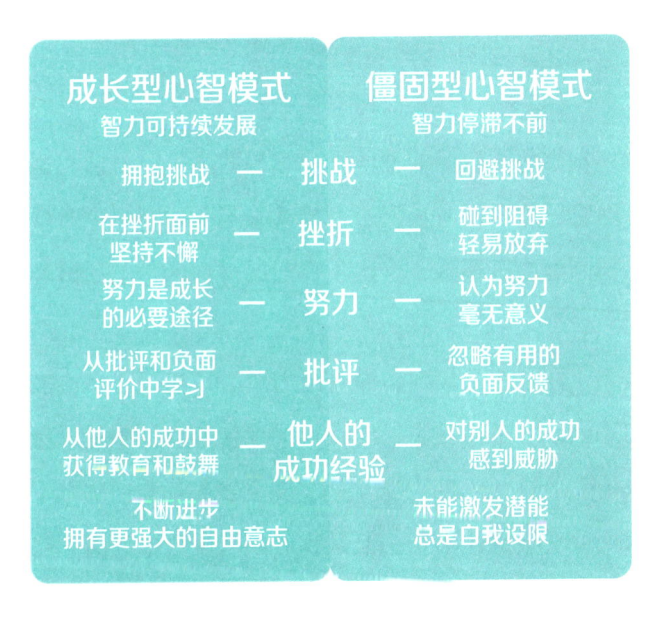

| 成长型心智模式<br>智力可持续发展 | | 僵固型心智模式<br>智力停滞不前 |
|---|---|---|
| 拥抱挑战 | 挑战 | 回避挑战 |
| 在挫折面前坚持不懈 | 挫折 | 碰到阻碍轻易放弃 |
| 努力是成长的必要途径 | 努力 | 认为努力毫无意义 |
| 从批评和负面评价中学习 | 批评 | 忽略有用的负面反馈 |
| 从他人的成功中获得教育和鼓舞 | 他人的成功经验 | 对别人的成功感到威胁 |
| 不断进步拥有更强大的自由意志 | | 未能激发潜能总是自我设限 |

**观察和聆听**

你可以在每天晚上睡觉前,回顾一下这一天的工作生活,观察自己在什么情况下会采用僵固型心智模式,然后聆听它是如何"说服"你的。

当你遭遇挫折的时候，比如失恋，僵固型心智模式会说："你不够好，不够优秀，你永远也成为不了理想的恋人。"

当你面对一个新的挑战的时候，僵固型心智模式会建议："你可能没有这么大能力，还是回避吧，要是失败就丢脸了。"

在观察和聆听的过程中，你就能够感觉到僵固型心智模式是如何影响到你的。

## 对　话

当你观察到了自己的僵固型心智模式之后，就要尝试去接受它、直面它，然后以成长型心智模式来与其对话。这时候，你就跳出了僵固型心智模式，走出了自己的舒适区，然后做好准备教育它。

比如，你遭遇了失败，面对僵固型心智模式，你不需要压制内心的恐惧，而是接受它，承认自己现在的负面感受，然后在自己内心稍微平静下来的时候，告诉它："我知道自己失败了，我暂时还不太擅长做这件事情，但是我可以从失败中理清思路，做一次新的尝试。"

当你对别人的成功有了嫉妒心的时候，你就可以对这种僵固型心智模式说："谢谢你的出现，如果我能从别人的成功中获得经验和教训，我就能进步。"

用成长型心智模式的对话来打破僵固型心智模式的人格，我们就能够转换心智模式，进而得以持续成长。

## 行　动

成长型心智模式可以引导你采取对人生更有帮助的积极行动，让自己真正地得到成长和进步。比如，受到批评的时候，成长型心智模式会引导你认真对待负面的反馈。接下来，你就需要找到自己被批评的原因。如果真的是自己的问题，就及时纠正错误的行为，用一种更好的思考和行为方式来处理类似的问题。

最重要的是，我们能够建立正确的认知，主动识别和观察内在的心智模式，愿意进行心智上的对话，然后通过积极的行动转换心智模式，逐渐形成新的心智习惯。当我们在人生中建立了一种习惯性的成长型心智模式的时候，我们就走在了自我进化、终身成长的路上。

这时，你不再用当下狭隘的视角来定义未来，而是不断重构自己，不断枳累智慧和实力，最终，你将走过生活里的一个个里程碑，实现富足而丰盈的人生。

# 重构瞬间

▶ 优秀才是我们应该追求的第一目标,而成功往往是优秀的副产品。

▶ 限制性的心智模式:没有希望、无能为力、没有价值。

▶ 自我定位闭环系统:愿景 → 原则 → 计划 → 执行 → 反思。

▶ 慢即是快,少即是多,生活没有任何捷径,而聪明人总是愿意触达底层,快速上手,专注实践。

▶ 终身成长:成长型心智模式 VS 僵固型心智模式。

# 第二章
## 认知优化

人与人之间最大的差异，是认知能力的差异

认知的优化，是一个不断迭代累加的过程。
只有站在更高的认知层次上，
我们才能看清楚人、事、物的全貌，完成人生的破局。

# 01

## 认知即痛苦，
## 有觉知地突破认知停滞区

*痛苦，是人生自由的一剂良药*

人与人之间最大的差异是什么？智力？技能？人脉？

都不是，人与人之间最大的差异其实是认知能力的差异。而所谓认知能力，就是你理解信息、整合信息、解读信息和运用信息的能力。

我们一起来看看下面这个故事。有一对双胞胎，在 2008 年金融危机的时候一起大学毕业，一个加入了互联网公司，一个进入了央企报社。10 年后，去互联网公司的那位已经年薪百万，而且满街都是挖他的猎头。而去报社的那位，因为传统媒体沉沦了，整个产业都在快速衰退，一家家报纸停刊，一切都需要重来。

双胞胎的素质和能力其实并没有太大差异，努力程度和职场关系其实也都没有问题。这里的核心关键在于，他们所选择的行业，一个在快速崛起，一个在快速崩溃。

两个人的不同选择，是由他们对现实的认知差异造成的，一个能够认知到未来的变化,另一个只看到过去和现在的状况。

一个人认知的高度,决定着他未来选择的质量。

优化认知能力的意义,就是让我们能够更好地认识自己、认知世界,不断地构建和完善自身的价值观体系,从而做出符合内心也能够适应未来变化的正确选择。

## 承认自己无知,是认知升级的起点

一起来看看下面这张图:

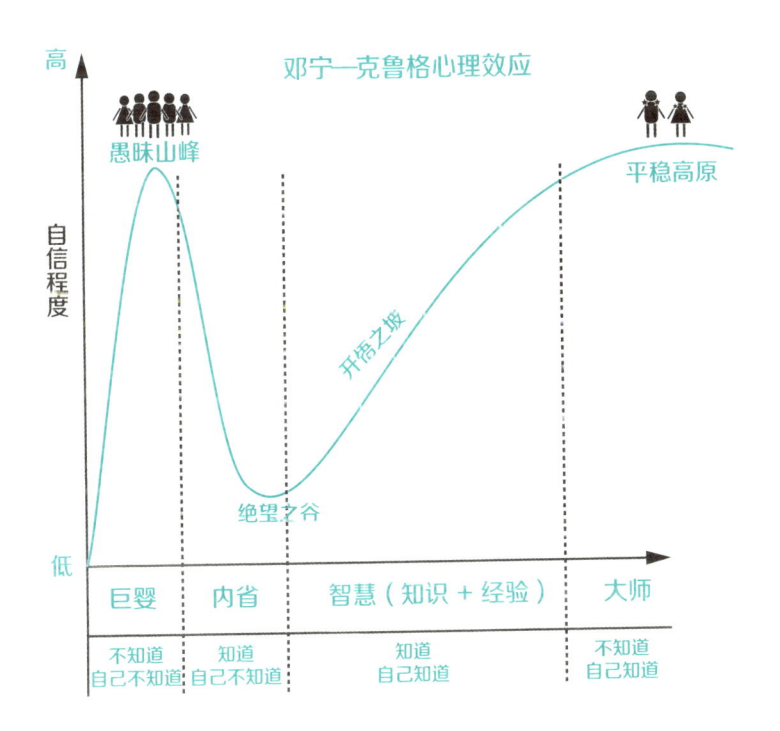

邓宁—克鲁格心理效应

愚昧山峰　　　　　　　　　　　　平稳高原

自信程度

开悟之坡

绝望之谷

低

| 巨婴 | 内省 | 智慧(知识+经验) | 大师 |
|---|---|---|---|
| 不知道自己不知道 | 知道自己不知道 | 知道自己知道 | 不知道自己知道 |

这张图描述的是邓宁-克鲁格心理效应，也称为达克效应，它是指一种认知偏差：能力欠缺的人往往会有一种虚幻的自我优越感，错误地认为自己比真实情况更优秀。

一个人的认知，有这样四种状态：

不知道自己不知道；
知道自己不知道；
知道自己知道；
不知道自己知道。

95%的人都处于第一种认知状态中，他们并不知道自己在做什么、有没有做对，反过来还会觉得自己什么都懂，他们就是图中站在愚昧山峰的那类人。

这样的人特别多，你和他提到一个东西，他潜意识会先否定。比如你满怀诚意地把好的文章推荐给身边的朋友，他们的反应往往是"这种鸡汤文章一大堆，肯定有专门的团队来写""你认同作者，说不定作者就是故意迎合你这样的书呆子"。

他们把自己的大脑封闭起来，结果因为认知僵化，所以很难自发地去发现自身问题，更不可能自我精进了。

大部分人的碌碌无为，往往都因为他们处于这种"不知道自己不知道"的状态。这种认知状态给了人们一种虚假的自信，让他们丧失了好奇心，也丧失了探索欲，而这些特质恰恰是一个人快速成长、优化认知的关键。

乔布斯曾说："我愿意用我所有的财富获得一个机会——与苏格拉底交谈一下午。"乔布斯愿意放弃财富与之交谈的苏格拉底是个什么样的人物呢？

在古希腊时代，有人去德尔斐神庙问先知："谁是雅典最聪明的人？"先知回答说："苏格拉底是雅典最聪明的人。"可是，苏格拉底却说："我一点儿都不比别人聪明，我其实什么都不知道，但有一点，我唯一知道的是我不知道，而所有其他人都认为自己知道。"

正因为知道自己不知道，有些人总有好奇心去探索世界，改变固有的经验和价值观，打破自身认知的局限和边界。这类人虽然处于绝望谷底，但是却会在认知不断优化升级的过程中，走上开悟之坡，甚至像苏格拉底那样成为大师，登上持续平稳的高原。

其实，人类近代的科学革命就建立在知道自己无知的基础之上。在《人类简史》这本书中，作者尤瓦尔·赫拉利讲到了一个有趣的例子。

公元1459年，在欧洲人的世界地图上，满满当当的都是亚非欧大陆，没有一点儿留白，因为那个时代的人类，认为地球上的陆地都已经被全部知晓和掌握了。他们不知道还有很多东西是自己不知道的，他们对世界的认知就禁锢在那张只有亚非欧大陆的地图上。

直到1492年，哥伦布发现了美洲大陆，欧洲人才突然发现，这个世界除了亚洲、非洲、欧洲，还有很多未知的领域。所以自从 1525 年开始，欧洲人画的世界地图就和过去有了明显的区别——会在地图上留下大量的空白。

留白是什么意思？就是承认自己不知道。而恰恰是这些留白，像一块吸引力极强的磁铁，让欧洲人前仆后继地尝试填补它们，也让欧洲各国迅速成长起来，成为后来在世界上有话语权的强国。

继续往后看，你会发现，鸦片战争大清帝国之所以会输那么惨，就是因为故步自封。闭关锁国就是一种"不知道自己不知道"的认知状态，相比于欧洲列强的"知道自己不知道"的状态，具有本质的差距。

一个真正知道自己无知的人，能够看到更广阔的未知世界，这种未知会激发他内在的好奇心，而这种好奇心恰恰会驱动一个人去探索、去思考，进而优化认知。

那么，如何避免落入"不知道自己不知道"的自我封闭式的心智模式中呢？

**抱持空杯心态**

其实，在意识到自己无知的时候，我们就抱持了一种"空杯心态"。

什么是"空杯心态"呢？

古时候，有个佛学造诣很深的人想去拜访一位德高望重的老禅师。老禅师的徒弟接待他时，他的态度很傲慢，心想：我是佛学造诣很深的人，你算老几？后来老禅师十分恭敬地接待了他，并为他沏茶。可在倒水的时候，明明杯子已经满了，老禅师还是不停地倒。

他不解地问："大师，杯子都已经满了，为什么还要往里倒水呢？"大师说："是啊，既然已经满了，干吗还倒呢？"潜台词就是，既然你已经很有学问了，干吗还要到我这里来请教呢？

空杯心态，是让我们把自己想象成一个空着的杯子，变得谦卑。它让我们不被过去的学识和经验所限制，怀着否定或者放空过去的态度，以一种全新的视角去看待新环境和新事物。其实，在承认自己无知的那一刻，你自然就变得谦恭，内心的包容空间也更大，大脑处于开放状态，对新事物也有更深的洞察力。

乔布斯非常推崇一句话："Stay Hungry, Stay Foolish."他说的不仅仅是一种谦虚好学的姿态，更是一种承认自己无知并把当下作为认知起点的状态，而这种自觉无知的心态会激发一个人的好奇心。心理学认为，好奇心是个体遇到新奇事物或处在新的外界条件下所产生的注意、思考、提问的心理倾向。好奇心是个体学习的内在动机之一，也是个体寻求知识的原生动力。

**把"极度开放"当作人生原则**

认知优化的最大障碍，就是无法客观地看待自己和他人，我们会本能地触发心理防御机制，主观地活在自己的世界里。

瑞·达利欧在《原则》一书中反复地强调了"极度开放"的

原则，而这个原则也正是打破自己、让自我进化最有力的解决之道。

当新的事物、新的知识和我们已有的知识、经验相冲突的时候，我们可能很难接受它们。因为我们已经根据旧有的知识和经验建立起了一套心智框架，对新事物的思考往往也基于这套既有框架，而这会让我们的思考出现偏差。

这时最重要的就是保持开放的心态，放下已有的思维框架，拓展新的视角。这意味着我们愿意放下对事情正确与否的简单判断，在共同探讨的层面上理解问题。

就是这种极度开放的心态，让一些人拥有万事万物为我所用的大格局和高姿态。他们清楚地知道，只有承认自己无知、跳出自我的限制、站在更高的层面审视自己弱点的人，才能成为真正的高手。

而这种包容万物、极度开放的心态，会让一个人更喜欢倾听而不是表达，更懂得谦卑而不是傲慢，热衷于求知而不是故步自封。所以，极度开放是人生的一个重要原则，而我们要做的，就是把这个原则践行到极致。

**时常进行反思和自我纠错**

一个人从不知道自己不知道，过渡到能够意识到自己的无知，这需要认知上的提升。

而这种认知的提升可以通过不断反思来促成，因为一旦我们开始反思，就开启了对自身的批判性思考。

经常反思的人，会习惯性地去设想，如果自己是错的会有什么情况出现，也更愿意承受可能的挫败感。如此，承认自己的无知也变得更容易，更自然。

一个人最大的障碍是"所知障"。承认自己无知，就是认知升级的有效路径。面对未来，最简单有效的策略就是承认自己的无知，让求知所激发的谦卑心和好奇心来扩大自己在这个世界的赢面。

## 痛苦是认知升级的必经之路

承认自己无知是认知的起点，同时，打破原有的认知，否定固有的经验，这本身就会让我们感到不适，感到痛苦。

美团创始人王兴曾说过一句话："大部分人为了不思考可以做任何事情。"大脑在思考的时候需要消耗巨大的能量，因而我们会感到疲惫。大脑虽然只占人体重量的 2%，却消耗着人体 20% 的能量。

在长期的进化中，我们的大脑一直遵循着"最小阻力定律"——哪条路径阻力更小，就走哪条路径。这样就形成了一种保护机制，即尽量不去费力地思考，而是依赖于固有的习惯性心智模式来认知周围环境，因为这样是最节省能量的方式。但也正因为这种本能的懒惰，我们更愿意选择轻松舒适，避免在认知过程中感受到痛苦。

生活中，很大一部分人追求的是一劳永逸，期望尽快抵达自在、快乐、没有任何痛苦的终点。这种毫无痛苦、安全舒适的体验，其实每个人都经历过。

那时候，你还是一个在母亲肚子里的胎儿，蜷缩在子宫里，被海水般的营养液包裹着，周围黑暗、寂静，你很放松，也很舒适，你不需要有任何认知，不需要有任何行动，更不需要去思考。那里没有寒冷，也没有饥饿，对你而言那是一个没有威胁、非常安全的地方。

这就是一个原始舒适区，是每个人类个体都拥有过和体验过的舒适区。在这种舒适区里，我们的状态接近于零认知。

在这样一个没有丝毫痛苦的地方，我们感觉到的是"自在"，可是，"自在"却并不等于"自由"——你把自己依附于母体，不需要感知冷暖，不需要思考未来，更不需要做出选择，这同时也意味着你必须受限于这个确定而狭小的空间，身体不自由，心灵也不自由。

我们为了舒适区的自在，付出的代价就是没有任何认知能力，并且毫无自由可言。

当我们刚降临这个世界，不适感随之而来。我们呱呱而泣，开始有了认知，听到了不同的声音，看到了斑驳的光影，感受到了现实世界的冷暖。曾经安全的舒适区荡然无存，恐惧袭来。一旦我们开始有了认知能力，痛苦突然就成了一件很确定的事情。

然后，随着我们渐渐长大，要在这个社会立足，我们要面临升学的压力，面临同龄人的竞争。不适感，或者说痛苦，也渐渐变成了这个不确定的真实世界里的一种必然。

就像电影《黑客帝国》中，当主角尼奥被人类反抗组织的船长墨菲斯从虚假的世界中唤醒，来到了真实的世界之后，他就开始了对抗黑暗组织的征程。这个过程当然不会像在虚假世界里那样安稳、确定、井然有序，但是尼奥却义无反顾地选择了这个痛苦的过程，因为虚假世界里的舒适是一种假象，看起来安全，身体却被囚禁在一个箱体中。他不希望被控制，他希望所有事情都由自己来做，自己来认知、判断、决策，自己做出选择，并且自己来承担这个选择的后果，而这才是真正的自由。

无知即极乐，认知即痛苦，追求人生的自由，提升个人的认知，往往也意味着挑战痛苦。生活中，我们总是在不断地做着选择，可大部分时候，我们的选择是及时行乐，舒适为要。正是这些本能的选择，最后让我们认知停滞，一事无成。

### 痛苦背后的深意

在生活中，我们需要秉承一种直面痛苦的勇气，敢于放弃暂时的舒适。没有痛苦，就不会有意识的觉醒，更不会有认知能力的提升。痛苦可以给我们带来成长的机会，认知上的痛苦，正是我们提升认知所必须经历的挑战。而在这个过程中，我们会打破过去僵化的认知，构建出一种更加符合客观现实的新的认知，从而做出更好的选择。

瑞·达利欧在《原则》中说："我会以一种截然不同的方式体会痛苦的时刻，我不会感觉丧气或透不过气来，而是把痛苦视为大自然的提醒，告诉自己有一些重要的东西需要我去学习。而体验痛苦，然后探索大自然希望通过痛苦给我什么教益，开始成为我的一项游戏。这项游戏我做得越多、越擅长，也就越不会对这些情况感到痛苦，同时积极思考，总结原则，利用原则获得回报的过程也变得越来越有收获。我学会了喜爱自己的痛苦，我想这是一种健康的视角，就像学会喜爱锻炼身体一样。"

如果你感觉到痛苦，那就对了。

痛苦和艰难说明你正走在人生的上坡路上——你是在往上走，而不是向下掉。

就像瑞·达利欧那样，越是感觉到痛苦，就越应该用一种迎难而上的态度去直面它。痛苦感是生活的一种警醒，提醒我们去直面困难和阻力。阻力之所以会成为我们前进的障碍，是因为你聚焦于当前的困难，而不是专注于实现目标。

当我们真正愿意聚焦于创造自己渴望的愿景的时候，阻力就成了我们前进的助力。正是那些阻力给我们带来了重构自己的机会，让我们内心更坚韧，能力更精进，认知更优化，也给我们带来更多的成就感和满足感。

想要提升认知，就要有拥抱痛苦的能力，你不仅不害怕痛苦，还要敢于进入到痛苦中去直面恐惧。经历了这个过程，那些过去让你感觉到痛苦的东西，反而不会再让你感到痛苦，而这正是你拓展了自己的认知和能力的结果。心理学家梅兰妮·克莱曾说："人类的经验不可避免地充斥着焦虑、痛苦、丧失和毁灭，人类必须学会面对生与死的极端。生活是在寻找忍受冲突的办法。"世界的不确定性让我们明白，痛苦的感受在所难免。在不同的人生阶段，我们必然会有不同的烦恼和痛苦。当你是一个职员的时候，完成任务常常会遇到很多问题，这时候按时完成任务就是你的痛点；而当你升职成为一个经理的时候，因为认知和能力的提升，完成任务已经不构成你的痛点了，但如何处理与下属的关系又会成为一个新的痛点。

痛苦恰恰为我们提供了一个觉醒的机会，让我们成长、进步。当你跳到了一个更高的维度，回过头来重新审视和解决你的痛苦的时候，你就会发现，那些痛苦已经消失了，而新的生活正等着你去面对新的问题。痛苦也许是生活的背景音，但我们可以转换自己的视角，经由它，抵达幸福自由的生活。

生活中的很多事物，往往都是对立而统一的，就像自律之于自由，天真之于成熟，孤独之于伟大，还有痛苦之于幸福。

所有的痛苦都有意义，我们要做的，只是拆开丑陋的包装，发现里面暗藏的价值。

在前面的章节中,你已经知道万物发展的底层逻辑是进化,对应到个人则是终身成长,即个人的智力和能力不是恒定不变的,而是可以不断发展不断变强的。

这个进化逻辑其实是有科学的研究来支撑的。

在《重塑大脑,重塑人生》这本书中,医学博士诺曼·多伊奇通过与众多神经科学专家和权威会谈,让人们认识到了大脑神经的可塑性——神经可塑性是指神经系统为不断适应外界环境变化而改变自身结构的能力。传统观念认为,成年后脑细胞发育趋于停止,但近年研究发现,感觉刺激以及技能学习能够促进大脑发展。甚至一些有学习障碍的人,经过思想和相关训练之后,智商也有所提高。所以通过持续的学习和训练,我们大脑的结构和认知能力都会随之发生变化。

2012年《当代生物》杂志上发表的一个研究表明,大脑皮层褶皱程度越高,表面积越大,大脑灰质越厚,一个人就越聪明,认知能力也越强。不断地学习和记忆,可以延展大脑皮层的表面积,增强大脑的灰质厚度,提高我们的认知能力,而这些反过来也能够促进学习能力的提升。

认知的过程,其实就是学习和内化知识的过程。在这个过程中,大脑会形成与这个世界相关的各种概念,之后再回到已有的概念池,建立起各个概念之间的联系,它们会塑造我们的认知和价值观,引导后续的行动和选择。

# 02

# 自我学习能力，是认知优化的关键能力

真正的牛人，能把理性练成直觉

在前面的章节中，你已经知道万物发展的底层逻辑是进化，对应到个人则是终身成长，即个人的智力和能力不是恒定不变的，而是可以不断发展不断变强的。

这个进化逻辑其实是有科学的研究来支撑的。

在《重塑大脑，重塑人生》这本书中，医学博士诺曼·多伊奇通过与众多神经科学专家和权威会谈，让人们认识到了大脑神经的可塑性——神经可塑性是指神经系统为不断适应外界环境变化而改变自身结构的能力。传统观念认为，成年后脑细胞发育趋于停止，但近年研究发现，感觉刺激以及技能学习能够促进大脑发展。甚至一些有学习障碍的人，经过思想和相关训练之后，智商也有所提高。所以通过持续的学习和训练，我们大脑的结构和认知能力都会随之发生变化。

2012年《当代生物》杂志上发表的一个研究表明，大脑皮层褶皱程度越高，表面积越大，大脑灰质越厚，一个人就越聪明，认知能力也越强。不断地学习和记忆，可以延展大脑皮层的表面积，增强大脑的灰质厚度，提高我们的认知能力，而这些反过来也能够促进学习能力的提升。

认知的过程，其实就是学习和内化知识的过程。在这个过程中，大脑会形成与这个世界相关的各种概念，之后再回到已有的概念池，建立起各个概念之间的联系，它们会塑造我们的认知和价值观，引导后续的行动和选择。

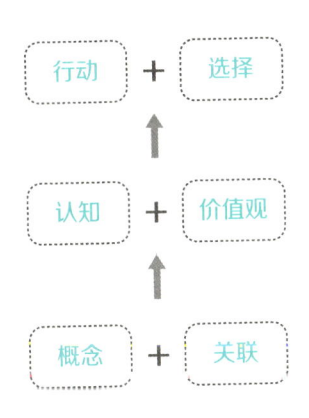

行动 ＋ 选择
↑
认知 ＋ 价值观
↑
概念 ＋ 关联

我们的认知深度直接与大脑的学习过程息息相关，所以持续的学习和不断的训练，是提升和优化认知能力的重要手段。另一方面，自我学习能力，也是身处这个时代最重要的能力之一。

一个多世纪以前，法国心理学家阿尔弗雷德·比奈曾说："我们首要的工作不是教授那些对学生来说似乎最有用的东西，而是教他们如何学习。"

自我学习能力，就是一种愿意快速成长和调整自身技能的渴望和能力。我们这个时代最大的特点就是变化越来越快，稍不留神就容易被时代抛弃。而你现在唯一能做的就是在被淘汰之前利用学习能力和自身优势掌握一项能顺应世界发展的新技能，而不是在濒临淘汰之际自怨自艾，踟蹰不前。

人要有一技之长，唯一值得不断打磨的就是自我学习的能力。因为一旦你磨炼出了很强的自我学习能力，那么无论这个世界如何变化，有什么样的新需求，你都能够主动地去学习，提升认知能力，做出正确选择，采取有效行动，从而快速适应变化。

## 学习的本质——触达与重复

生活中有很多人好像都得了一种"错失恐惧症"（Fear of Missing Out，简称 FOMO），它特指总在担心失去或错过什么的焦虑心情。

我们不停地学习新事物，往脑子里塞满各种新的资讯，这就像一个人把一本本书往一栋房子里扔，却从来不愿意花时间去整理房子里的书籍。结果这栋房子成了一个垃圾仓库，混乱不堪。而当我们需要某本书中的知识来解决问题的时候，却根本无从找到它。

伪学习的本质，就是你囤积了很多信息、知识，却从来没有整理过它们，更不知道该如何调用它们来解决问题。学习不仅仅是为了得到新知，甚至为了避免伪学习，我们还要刻意与新知保持距离。

《聪明的世界》一书的作者理查德·奥格尔（Richard Ogle）把学习的过程总结为"触达"与"重复"。从一个领域的核心知识出发，向外探索并学习新事物，然后返回并重新整合已经了解的片段，再次外出探索然后返回。这样来来回回，一次又一次。这个过程就如下面这幅图，是一个反复向上的价值累加过程。

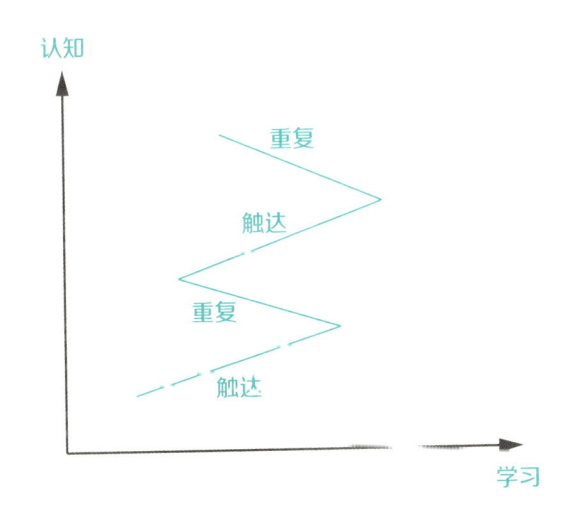

根据脑神经科学家的研究，知识学习其实就是在构建大脑神经模式（神经元及其相互之间连接）。

学习新知，形成微弱神经模式

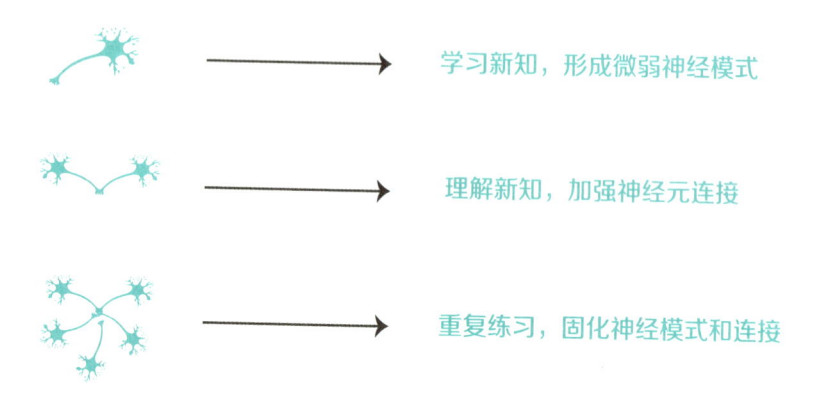

理解新知，加强神经元连接

重复练习，固化神经模式和连接

在这个构建过程中，触达新知会让我们的神经元形成新的突触，理解新知以及不断重复的练习实践，会刺激大脑不同区域的神经元之间产生连接，并且进一步固化已经建立的神经模式，而这就是知识获取和内化的过程。其中容易被大家忽视的"重复"过程，很关键的一点在于，它能够让我们的"短期记忆"转换为"长期记忆"，有助于我们在遇到问题的时候，及时调取相关记忆来解决问题。

就像你刚开始学习开车的时候，你得有意识地了解每一个步骤，启动、挂挡、踩油门、打方向盘。而当你把这些知识都了解了一遍之后，接下来就需要你对每个学习到的步骤进行整合，这个整合过程就需要我们反复练习，以达到能下意识自发地操作。

最终，经过几个月的反复练习，你就可以边开车边和别人聊天，根本不需要多想就知道什么时候该打方向盘。

太多的"重复"会把人限制在狭隘的常规中，而太多的"触达"则会让努力毫无成果。重复就是刻意练习，大量重复动作能让我们聚沙成塔，内化所学的知识。

要达成知识的整合与内化，就需要不断地"重复"。

### 真正的牛人，能把理性练成直觉

在信息极度过剩的今天，我们有必要在学习中把注意力放在那些核心的知识上，反复咀嚼，反复运用，最后内化成大脑潜意识的自动化程序，把理性练成直觉。

什么叫把理性练成直觉呢？

根据加拿大多伦多大学人类发展与应用心理学教授斯坦诺维奇（Keith E. Stanovich）提出的人类大脑双系统理论，我们的大脑存在两套系统：（1）直觉系统，擅长运用已知经验感性直观地认知事物；（2）逻辑系统，擅长理性思考。

请看下面这张图，上下两条直线，哪一条直线更长呢？

大部分人在直观上都会认为第二条直线更长，这就是我们在用系统（1）来认知事物。如果我们用一把尺子去测量这两条直

线，就会发现它们一样长，这时我们就使用了系统（2）来进行思考。所以有时候，我们的直觉并不靠谱。

相比起系统（1），系统（2）擅长理性思考，但是它有一个缺陷，就是特别懒，常常把决策权交给直觉系统（1）。就像混沌大学的李善友老师说的，系统（1）就像猛张飞，一看事物就有了意见；而系统（2）像是诸葛亮，能够深刻理解事物本质，但是却很懒。大部分时候，我们都倾向于使用直觉系统。这样做的好处就是不用费劲地思考，不用消耗我们过多的能量。好比你做"1+1=2"这样的数学题，可以不假思索就给出答案，这完全凭的是直觉。而当别人问你"1888×234 =?"的时候，直觉系统就失效了，正在赶路的你必须停下脚步，静一静，启动逻辑系统来思考这个复杂的问题。

但是，当你不断地练习复杂的计算，并将复杂计算背后的套路、思维逻辑作为你练习的重点，它们最终就会从耗时费力的系统（2）进入到运转迅速的系统（1），形成你对复杂计算的直觉认知。以后你看到复杂的计算题，就能够像面对"1+1=2"这样的简单题目一样，快速地运用存在于直觉系统中的计算套路和思维逻辑来得出结果。

通过理性转化成的直觉，往往更加可靠，因为它是反复的学习、训练和验证的结果。

而你通过反复学习形成的稳固的神经模式，其实就是知识和技能长到了脑子里，让你不用再费力思考，就能下意识地把事情做好。

那些面对任何问题都能够快速给出解决方案的大牛，并不是天生就如此优秀，而是他们不仅努力"触达"新知，还愿意通过"重复"来巩固和运用所学知识，将需要花费大量时间的理性思考方式自动化成直觉系统中的一种习惯性的心智模式。所以在遇到难题的时候，他们能够在大脑中快速回忆起学过的知识，检索出适当的方法和套路，从而迅速采取行动，解决问题。

## 你处于学习的哪个区间

学习的过程看起来简单，实则需要我们在反复实践中获得反馈，进而刺激自身不断摄取新知，联系已有知识进行整合。如果你的学习只是完全不动脑子的简单重复，感受不到任何压力，这样的学习依然是一种伪学习。就像有的人背单词，反反复复都在背诵以 A 字母开头的单词，这种学习显然毫无价值。

朱利叶斯·沃尔夫是一名德国骨科医生，他提出了一个以他的名字命名的定律——"沃尔夫定律"。

"沃尔夫定律"是关于骨骼成长的定律，主要是指人体的骨骼如果长时间接受外部压力，骨密度和坚硬程度就会增大。格斗运动员反复用拳头击打，用腿脚踢打，因为其腿脚和拳头受力较多，且长期接受锻炼，该部位的骨密度就会较其他不受力的部位的骨密度大。

其实学习的过程也一样，如果你总是待在一个毫无压力的舒适区里学习，你的知识密度和灵活运用度都将得不到提升，不过是看上去很努力，实际上却是在假装学习。

美国心理学家诺尔·迪奇（Noel Tichy）曾提出了一个行为改变理论，即把个人行为改变等级分为舒适区、学习区和恐慌区这三个区间。

### 舒适区

舒适就是没有压力、没有挑战、没有任何负担的一种状态。要做的事情都处于你的能力范围之内，你不需要努力，也没有过多诉求。有的人甚至人为地为自己营造一个舒适区，比如囤积知识和书籍，造成一种自己有所收获的假象。

### 恐慌区

与舒适区相对的是恐慌区，在这个区间的人面临着各种各样的挑战，心里总是感觉到困惑、焦虑，但却不知道如何摆脱当下的困境。

**学习区**

而介于两者之间的学习区，一面会让人感觉到不舒服，因为面临着挑战和压力，另一面身处其中的人虽然内心紧张甚至有点儿焦虑，但力图找到出路，愿意通过学习、思考和试错来解决面临的难题，一步步消除自己的恐慌感。

我们每个人在日常生活中都处于这三个区间中的一个。在这个快速变化的世界里，想要一直待在舒适区里其实非常难。当你在舒适区待久了，各种危机和冲突就会暗暗滋生，而当你的知识和能力无法应对当下的问题的时候，你就容易陷入恐慌区，无所适从。认知优化往往需要我们走出舒适区和恐慌区，进入更有建设性的学习区。

要么让自己的舒适感变成紧迫感，要么让自己的焦虑感变成危机感，这种适当的紧迫感和危机感会让我们产生学习的动力，努力提升认知，拓展能力圈，解决实际问题。学习就是不断寻找挑战，然后反复实践，提升能力应对挑战的过程，这是一种动态平衡的过程。

爱学习的人，总是喜欢阅读，喜欢分享。有输入，就会有输出，两者之间会形成一种平衡。这个平衡态会在学习的触达和重复的过程中不断被打破和重建。

如果一直停留在静止稳定的状态，我们就容易陷入舒适区，陷入无效的重复中，不再有进步；如果一直处于动荡的不平衡的状态，我们就容易踏入恐慌区，无法安心把事情做好。为了维持学习的这种动态的平衡，主动学习者就会寻找新知，挑战已经固化的思维模式，进入下一次的成长迭代中。而只有不断维持这种平衡态，我们才能真正从"知道知识"过渡到"掌握知识"，最终形成自己的一套思维模式。

# 03

## 启动刻意练习，做知识的炼金术士

如何构建你的知识体系？

## 一万小时定律 VS. 刻意练习

学习是一件"工欲善其事,必先利其器"的事情。人类社会只有发现了"发明的方法"才能快速发展,而我们也只有学习了"学习的方法"之后才能快速进步。

提到学习,大家肯定都听过格拉德威尔(Malcolm Gladwell)在《异类》一书中提到的一万小时定律——天才之所以卓越非凡,并非天资超人一等,而是付出了持续不断的努力,一万小时的锤炼是任何人从平庸之辈变成世界级大师的必要条件。

一万小时到底有多久?如果每天练习八小时,一周工作五天,那么成为一个领域的专家至少需要五年。

这样算下来,每个在自己岗位上工作了五年以上的人应该都能够成为业内专家了。可现实是,有很多人并没有那么厉害,反而是一年的经验用了五年、十年，没有任何长进。

一万小时定律说的是时间的量，但是比时间的量更重要的是时间的质。

如果只是简单地在舒适区一而再再而三地重复已经熟练的东西，毫无长进是必然的。不管是将理性转变成直觉，还是维持学习的平衡态，都需要我们从舒适区和焦虑区进入学习区，进行反复的刻意练习，而只有刻意练习才能保证时间的质。

回忆一下你的高中时代，那些真正的学霸往往不是笔记做得最漂亮的，也常常不是考前复习最拼命的，而是那种看起来没有太勤奋但却能轻轻松松拿高分的人。

是这个世界不公平吗？是那些学霸天资聪颖吗？

并不是。

记笔记、画线条这些看起来很努力的方法并没有给我们的大脑带来任何挑战和压力，无法让我们真正进入刻意练习的学习区，所以才会收效甚微。

所谓刻意练习，就是在学习过程中做到"积极触决"和"有效重复"。我们可以把刻意练习的过程分为三道工序：

**第一道工序：编码**

当你开始学习的时候，你得先去接触、理解这个东西是什么、有什么用、如何去用，你得记住基本的运用步骤。比如学习瑜伽，你就需要将一系列的动作记下来，理解各个动作的先后顺序，在心里对它们进行编码，从而形成基本的感知和记忆。

**第二道工序：巩固**

所谓巩固，其实就是反复地回忆、思考、练习，不断地重复，然后将短期记忆逐步转变成长期记忆。就如我们前面所说的，在这个过程中，大脑会形成稳定的神经模式，可以让我们不用费力地理性思考就能够下意识地做出直觉反应。

**第三道工序：关联与检索**

我们要主动地把所学的知识和技能联系起来，运用于各种不同场景。运用和关联越多，遇到问题的时候，我们就越能够迅速在大脑里检索、提取和运用相关知识与技能。

经过了刻意练习的这三道工序，我们就能获得融会贯通的能力，学以致用。

就像读一本书，你不仅要自己读懂它，还要做读书笔记，讲给别人听，反复巩固，如此你才能真正地理解和掌握那些知识和技能。光说不练假把式，你还需要刻意练习那些学习到的知识和技能，将它们运用于不同的场景中，从而实现知识的内化和能力的转变。

比如你在书中了解了冥想，也知道如何冥想，那你还需要在日常生活中去实践冥想，如此你才能够锻炼出内在的定力和专注力。

呈现　结构思维形象化

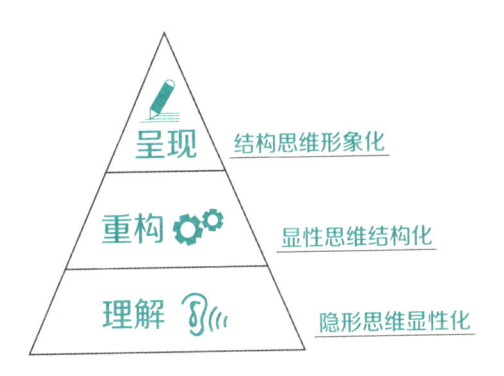

重构　显性思维结构化

理解　隐形思维显性化

从理解知识，到重构思维（反复巩固形成新的神经模式心智模式），再到运用于实践，通过这样一种积极主动的刻意练习式的学习，我们就能够更高效地积累知识和技能。

刻意练习的最终目的，就是我们能够灵活地提取知识、组合知识和运用知识，提升认知的效率，最终准确快速地定位问题、解决问题。就像很厉害的医生已经通过刻意练习掌握了这个领域的相关知识和技能，形成了一套系统化的心智模式，所以面对不同的病人，他们总是能够对症下药，甚至创造出新的疗法。

**刻意练习的关键原则**

我们有必要参考一些科学的学习原则，以获得更好的学习效果和反馈。

## 原则一：频繁测试比简单重复的学习效果更好

假设你在学习英语，一天学习 8 小时。现在有两种学习方式供你选择：一种是在这 8 小时里反复地看英语教材；另外一种是给你一本练习册，在读完教材之后还要做练习册上的习题。请问，你会选择哪种学习方式？

在心理学对学习的研究中，有一个概念叫"测试效应"，学习并非只发生在触达编码阶段，测试或检索提取练习可以评估知识的掌握程度，它比再次学习更能够促进长期记忆的保持。

在一项有关学习的实验研究中，测试人员被分为三组：

> 第一组的学习方式是 SSSS，S 指的是学习；
>
> 第二组的学习方式是 SSST，T 指的是测试，也就是前面花大量时间反复学习，最后进行一次测试；
>
> 最后一组的学习方式是 STTT 组，也就是进行一次学习之后，后面进行多次反复的测试。

这三组人员在采用不同的学习方式学习之后，分别在 5 分钟和 1 周后进行最终测试。结果表明，在 5 分钟后的测试中，回忆率与重复学习呈现正相关，即 SSSS 组好于 SSST 组，而 SSST 组好于 STTT 组；而在 1 周的测试中，回忆率转变为与测试次数呈正相关，即 STTT 组的回忆率好于 SSST 组，SSST 组好于 SSSS 组。

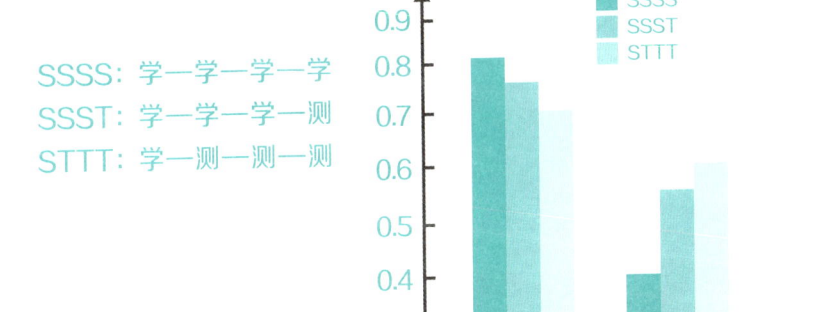

SSSS：学—学—学—学
SSST：学—学—学—测
STTT：学—测—测—测

所以，在学习的过程中，练习和测试也是一种学习，频繁测试比简单反复学习的效果在长期来看是更好的。所以面对情景题，我们应该选择后一种学英语的方式，在学习完之后，要做对应的练习来检验评估自己的学习效果，以保持更长的记忆。在以后的学习过程中，我们不妨在触达理解之后进行适当的测试练习，从而更好地掌握知识。

## 原则二：间隔式学习比集中式学习的长期学习效果更好

如果你在学习一门编程课，这门课程需要花 8 个小时，你可以一天花 8 个小时集中式地去学习编程课，也可以选择每天花 1 个小时学习，持续 8 天，你会选择哪种学习方式？

这里存在两种学习方式：

一个是集中式学习,集中一大段时间去学习;

一个是间隔式学习,每学习一段时间就停下来,然后间隔一段时间之后再继续学习。

英国心理学家艾伦·巴德利在《记忆》(*Memory*)这本书中提到他曾做过这样一个实验,为了让英国邮局的工作人员更快学会使用键盘代替打字机来输入邮政编码,邮递员有以下几个选择:

暂停送信等其他工作,专注在一段时间里集中学会键盘打字技术;

除了送信外每天一次学两小时;

除了送信外每天分两次学习,一次一小时;

每天只学习一个小时。

在总练习时间为 55 个小时左右的情况下,每天一次只练习一小时的员工的掌握程度明显高于选择其他练习方式的员工,而每天分两次练习一小时的效果也好于一次练两小时的员工。由此可见,间隔式学习比集中式学习的长期效果更好,这其实就是心理学中有关学习的"分散效应"。

因为知识的记忆和整合需要一个巩固的过程。在这个过程中,大脑记忆并整合知识,需要数小时甚至数天的时间,所以把学习任务间隔开来,可以预留一些时间让大脑自动整合、巩固信息。

**原则三：交错学习比单一学习的长期学习效果更好**

现在你要学习数学、英语和物理三门功课，以下两种学习方式，你想选择哪一种？

批量式学习："数学，数学，数学"—"英语，英语，英语"—"物理，物理，物理"

交错式学习："数学，英语，物理"—"英语，物理，数学"—"物理，数学，英语"

根据心理学研究，交错学习的效果要比单一学习的效果更好，所以你最好选择第二种。在2007年进行的一项教学实验中，大学生被要求计算四种不规则物体的体积，每种物体对应8道练习题，但练习题以集中或混合的方式呈现，一周后，大学生需要进行学习结果检测。测试结果表明，大学生采用混合习题的得分是采用集中习题的3倍。

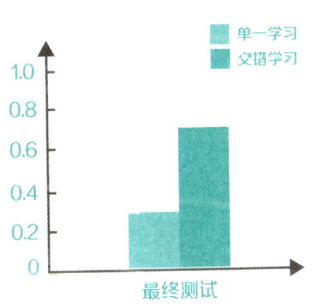

第二章 认知优化 145

交错学习的关键在于不同主题学习的混合，以及时序安排上的交错。交错学习交叉安排不同学习，给学习增加了难度，让知识编码和检索的过程更加频繁，这有助于提高理解力和记忆力，进而促进学习。

**原则四：必要难度理论**

现在你面前有两条路，它们都能达到同一个目的地，不过一条路很平坦，很容易就能到达终点；另一条路比较难走，会有很多挑战，你会选择走哪一条路呢？

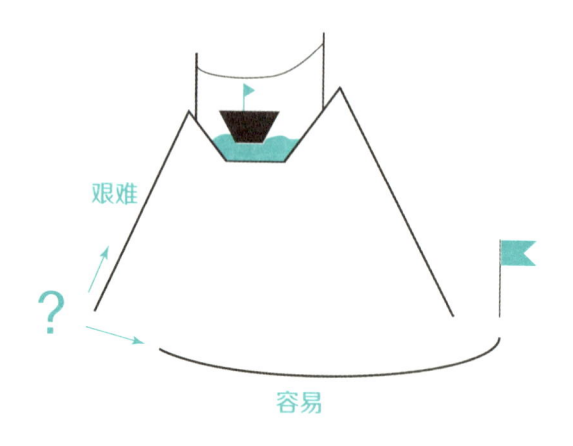

大多数人会选择走那条容易走的路，但真正厉害的高手，往往会选择那条更难走的路。

学习分为存储和提取，存储容易就会导致提取困难，反之，存储费力则提取会相对容易，这就是"必要难度理论"。生活中，如果你随手放一样东西（存储），那下次要找它的时候就比较难找到（提取）。但是，如果你在放东西的时候想了想放在哪里比较合适，费了点脑力，在需要使用的时候就能轻松找到。

学习越轻松，效果反而越不好，这有点儿违背直觉，但研究证明，必要难度之所以重要，是因为它们能触发知识技能的重构和提取，从而促进理解和记忆。

所以在学习的过程中，我们可以尝试下面一些方法来刻意运用必要难度，提高学习效果。

### 设置分隔时间的必要难度

比如，在课堂上听课，不要边听边记笔记，而是安排晚上复习的时候通过回顾来记。

### 设置交错学习的必要难度

不要一个主题一个主题地学习，而要在不同情境中交错多个主题、多种内容来学习。

### 设置关联的必要难度

在学习到一个东西之后，你还要想一想这个东西和别的东西有什么关联，我们可以将它用在什么别的地方。

### 设置运用的必要难度

可以换不同的方式来做刻意练习，比如学习到一个新的知识，可以用类比的方式阐述这个知识,也可以给别人讲解这个知识,或者写一篇相关的文章,系统性地输出。

掌握了刻意练习的原则,你就能提升效率,事半功倍。

## 建立个人的知识体系

知识的学习,就是在大脑中建构图书馆。

你从外界塞进脑子里的所有知识,都需要理解、消化、整合、编目,然后放到适当的位置,渐渐地,你就构建出了知识框架,你的知识储存大厦就不再是一个垃圾仓库,而是一座资源丰富的图书馆。

在不断刻意练习的过程中,我们学习到的知识不再是一个个孤立的散点,而是由点连接而成的一条条线,由线相互交织成一个个面,由面互相组合成一个体,在这样的相互连接、组合的过程中,我们的知识体系就自然建成了,认知也会随之提升。

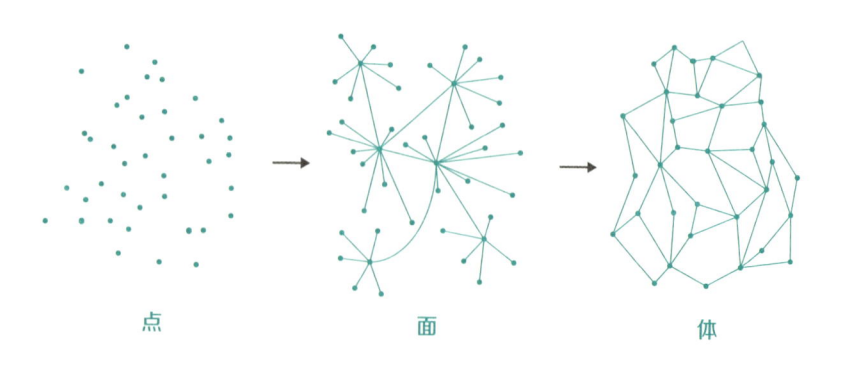

点　　　　　面　　　　　体

事实上，知识体系的建立，靠的就是知识的学习、提炼、联结和运用。

科学地学习，就是要刻意地联系各种知识和想法，将它们运用于实践当中，而在持续不断的积累过程中，你终究会构建出一套自己的知识体系。

建立了个人知识体系，我们就能够更快更好地从外界获取新知，将新知整合到已经建立的知识体系中，从而达到体系更新的作用。

时代在进步，而你的知识体系也需要持续迭代。

# 04

## 交流,是认知升级的重要工具

总想在言语上胜过别人,怎么破?

学习是一种向内生长的认知优化方式，你不停地触达、巩固和联结知识，构建知识体系——这是认知在大脑里生根发芽、茁壮成长的过程。

而向外生长的认知优化方式则是沟通交流，这需要你用已有的认知体系与外界进行碰撞，然后在碰撞的过程中不断修正和重构你的认知。

特斯拉的创始人埃隆·马斯克在接受采访的时候说："我学习的秘诀就是读很多书，和很多人交流。"

什么是交流？有人以为交流就是跟人说话、打交道。事实上，很多交流看上去是在交流，实际上却并非如此。

下面是一段医生和病人的对话：

医生：你好！

病人：我好什么好，我要是好的话，还来找你干吗？

医生：哎哟，今天天气不错啊！

病人：你只能说我们这儿的天气还不错，南极和北极的天气就好不到哪儿去。

医生：那你请坐。

病人：难道你能剥夺我站的权利吗？

医生：你有什么病？

病人：你只能说我身体的哪个器官有什么病，你不能说我这个人有什么病。

这么一来一回地交流，医生全明白了：这个病人别的毛病不一定有，但肯定得了"语欲胜人症"。所谓"语欲胜人症"，就是**一个人在交流的时候，想要的不是解决问题，而是追求虚幻的胜利感和成就感。**

其实，患有"语欲胜人症"的人并不少见，网上的激愤发言，工作会议上的言语交锋，甚至生活中的闲聊寒暄，往往都可能因为想要在言语上胜过别人而演变成一场没有硝烟的战争。

《21世纪商业评论》的原执行主编吴伯凡老师在他的文章里提到过这样一件事。

他有一次去外地讲课，来的人都是创业者。特别有意思的是，在课后互动的时候，他发现了一个现象：创业者中有两类提问者。

一类提问者每一次问的问题都很深入，他是在认真听了课程以后，真的产生了困惑和问题，而他提问的目的很简单，就是解答他的困惑。

而另一类提问者则不同，他是为了提问而提问，言语间包含着一种挑衅，内容和创业毫无关系。他会很关注你课堂里的某一句话或某一个细节，然后提出反对意见，目的是要显示"我比你厉害"。

后一类提问者表面上是在沟通和交流，实际上是在固守一种立场和姿态。

"语欲胜人症"患者，对于某个真实问题如何解决并无兴趣，他们真正感兴趣的是逞口舌之快，用诡辩挖苦你、用气势压倒你、从鸡蛋里挑骨头为难你，然后，他们会以胜利者自居，获得一种让人上瘾的成就感。

在这种状态里，他们和别人的交流不是为了获得新知，让自己成长进步，而是固守自己的观点，与别人抬杠，结果他的认知就停滞了。

另一方面，这种低情商的表现也容易让一个人失去和谐的关系，看似占了上风，却得不到别人真正的认可和尊重。

在职场上，如果你留心观察就会发现，当大家观点不一致的时候，有些人还没听完对方的意见，就急着反驳，为自己辩解，还喜欢各种抬杠，说来说去无非是想要证明自己，而对于别人的看法却置之不理。

这样的职场人，是戴了一副有色眼镜的表现型选手，他不太可能成为一个团队的领导者,反而更可能成为一个不受欢迎的边缘人,因为没有人喜欢被挑衅、被反驳、被攻击。

总是试图在言语上胜过别人,会让你在情商上的缺陷暴露无遗,在虚荣心上获得的那一点点成就感,远远补偿不了别人对你的孤立和疏远。

而人际关系的高手,往往都懂得在言语上克制。他不会以一种盛气凌人的架势压倒你,让你感到尴尬和愤怒,而是会以一种谦逊的低姿态来与你交流沟通,言语之间如沐春风,让人感到舒服。

## 语欲胜人症的心智模式

语欲胜人式的交流,折射出了一种"习惯性防卫"的状态,就是当我们感到自己的观点、想法可能会受到挑战的时候,第一个反应往往不是思考对方的想法是否合理,而是表现出一种全副武装的防卫姿态。

人类发展进化至今,人脑一直雷达全开,不停地感知周围环境可能存在的危险和潜在的奖励,进而驱动我们采取相应的决策和行动。而经过日积月累,我们在潜意识中塑造出了两种心智模式:防守模式和发现模式。

**防守模式**

当我们遇到危险或者自认为当前危险的时候，神经系统会促使我们分泌肾上腺素，我们会感到紧张，心跳加快，精神和身体都会立即调整到战斗、逃避或冻结的防守模式来保护自己，这就是纽约大学神经科学家约瑟夫·勒杜克斯（Joseph LeDoux）发现的大脑"生存回路"。比如，当一辆汽车和你擦肩而过的时候，你会不自觉地紧张起来；当你遭遇批评和失败的时候，你更可能去与评判者争辩，或者原地踏步逃避失败。

处于"防守模式"的时候，我们因为把稀缺的脑力资源都用在了面对威胁时采取的各种防卫行动上，所以大脑的深度思考系统无法正常运行，从而做出错误的决策和行动。

**发现模式**

大脑有一个奖励系统，当你发现有吸引力的人、事、物，或者做一些能够让你获得满足感的事情时，大脑就会分泌多巴胺和内啡肽，这会激励我们去追求这种获得奖励的感觉，让我们乐于去做这些事情。这时候我们就处于积极主动的状态，比如你去吃一顿美食，去做一件值得别人称赞的事情，或者与同事友好相处等。

大脑处于"发现模式"的时候，会变得更灵活也更开放，总是愿意发掘当下对自身发展有利的信息。这两种心智模式各自都有其功能,但是在我们的交流中,"防守模式"会让我们陷入习惯性的自我防卫中,让交流的真正目的失效。

要提升认知能力,则需要我们在跟别人交流的时候,主动地从"防守模式"转变成"发现模式"。

**学会倾听**

倾听时,我们会主动地去理解别人的想法和需求,解析对方言语背后的潜台词,过滤出对我们有益的信息,大脑这时候其实就进入了"发现模式"。

倾听看起来是一件稀松平常的事情,但是大部分人并没有真正做到。因为很多时候,我们只想听到自己想听的话,对于与自己想法相左的东西会无意识地自动屏蔽。高质量的倾听,是不带评判地集中注意力去听,这不是说不要判断对错,而是策略性延迟,将倾听和评判的距离拉开。

在交流中学会倾听,你可以参考以下策略:

**刻意少说多听**

英国联合航空公司总裁费斯诺提出,一个人有两只耳朵却只有一张嘴巴,就是要求人们应该多听少说,这被称之为"费斯诺定理"。

这个定理在生活中被人们广泛运用。在沟通交流中掌握主动权的人未必是喋喋不休者,最有价值的人也不一定是最能说的那个，有时候说得多了，就会对行为造成障碍。认真听取别人的想法，才能更好地说出自己的想法。虚心听取别人的意见是一个人进步的条件，而多听少说也是一个人成熟的表现。

**不要随意评论**

没有倾听能力的人往往有一个习惯，就是喜欢在别人说话的时候插嘴，打断别人说话。一个优秀的倾听者善于在恰到好处的时机给出反馈，而不会随意打断和评论。因为在别人还没有把事情全部讲完的时候，过早下定论，反而容易出现认知偏差，造成主观武断。在内心始终克制自己想要评论的欲望，反而能够让交流更顺利。

**寻找关键信息**

倾听就是一个搜集信息数据的过程，如果你没有从交流中获取价值的意愿和能力，就很容易一意孤行，错失成长的机会。在交流中，不要太在意别人说话是否顺畅、是否精简，而是要把关注的重点放在他想要表达的关键信息是什么，这些信息和自己的观点是否有冲突，这些信息是否具有参考价值。

**寻找交流的共识**

华为有一个著名的理论是：不在非战略机会点上消耗战略竞争力量。

要避免总想在言语上胜过别人，我们就要在跟别人沟通交流甚至争论的时候，始终关注：

我们要的是什么，我们要解决的问题是什么。

只有明确了交流的真正目的，并且以此作为交流的基础，我们才不会在言语上逞口舌之利，捡了芝麻丢了西瓜。相反，我们会进入谦逊的学习状态，积极地表达自己的观点，也能在与他人的观点碰撞中获得有价值、有建设性的想法，让自己不断成长。

这其实就是在塑造成长型心智模式和成长型人格。

这并不是说为了避免冲突，我们就要委曲求全。相反，要开诚布公，这样大家都极度透明，不会相互揣测和评判，也就不容易引发冲突。当你主动去寻找和对方有共识基础的关键点的时候，大脑就处于"发现模式"中。

比如，你跟一个刚参加工作的人交流如何提高工作效率，首先你们需要就当前工作的认知关键点达成一致，比如工作的范围、工作的质量要求等，这些条件明确了，后续的交流才能有的放矢。

遇到分歧时，你可以参照以下几个步骤找到共识：

第一步，复述对方的观点和想法，确保自己完全理解。

第二步，在你赞成的地方肯定对方，对对方的观点表示理解。

第三步，精确定位分歧所在，并且找到根源。

第四步，试着找到双方都可能正确的地方。

第五步，试着找到双方可以做的事情，达成一些共识。

另一方面，交流时难免会陷入争论。这时候，想要找到解决办法，你可以把任何特别关注的点作为疑问而不是麻烦来重新构筑。

疑问能让双方做出让步，因为疑问意味着你给对方一些选择留出了空间。疑问同时也能保护作为提问者的你，让你避免获得错误信息。

不要说"某某是错的"，而要说"你的意思是这个吗"，或者是"我这样理解对吗"。

不要问别人："我能和你说一分钟话吗？"因为这句话可能意味着矛盾或者麻烦，最好这样问："你能帮我一个忙吗？"尽可能用让人更舒服的话来表达，对方的反应就会更积极。

**把认知当作猜想**

当一个人变得越来越成熟，就越来越不会再想向别人证明自己是对的，也不再愿意去跟有些人做无谓的辩解。因为他清楚地知道，很多人的认知和三观从来就不愿意改变，只要抓住机会，他们就喜欢用狭隘的认知去理解别人，甚至来认识自己，而与这样的人交流，只会陷入无趣、无聊、无用的境地。

其实更好的选择，是把自己固有的认知和价值观当作一种可被证伪的猜想。

在交流的过程中，你把你的观点亮出来，别人从别人的角度来对你的观点进行反驳，如果你保持开放，进入"发现模式"，你就会愿意虚心接受他的反驳；同时，你也可以反驳他的观点，但是你不应该为了维护自己的正确性而反驳，而是要将之建立在事实和理性的基础之上。

如果作为猜想的认知被证伪了，那正是我们改变自己的时候，我们需要纠正过去错误的认知，改变过去错误的思想和行动；如果被证实了，我们也要继续保持谦卑的心态，因为那也许不过是考验我们认知的事实和经验还不够多，我们仍然要把当前的认知当作猜想。

这种谦卑式的交流状态能让我们的认知得到实实在在的提升。而当我们以这样一种谦卑的状态与不同的人交流，就进入了一种多人互联的学习模式。这时候不同的思维方式相互有碰撞，让我们得以从不同的观念中发现问题，解决问题，并优化认知。

在个人成长的过程中，我们要突破以自我为中心的心智模式，让自己成为一个深沉厚重的人，不去关注那些虚幻的成就感，而是沉下心来磨炼自己的品格和实力，以提升认知为目标与人交流，真正地重构自己。

# 05

# 如何改变大脑固有的思维模式

认知迭代的秘密武器,是行动中的反思

## 元认知：关于认知的认知

在前面的内容中，我们学习了很多新的概念、观念，其中也许有一些东西让你触动过、诧异过、认同过，你的大脑里可能会有很多声音：

原来成功并不是我们完完全全能够掌控的，以前我以为只要努力就可以成功；一个人的限制性心智模式影响这么大，以前我从来都没有意识到，我还有哪些限制性信念呢？复利曲线这种增长模式有点反直觉，我以后可以在哪些方面应用这种模式呢？

你在思考、在琢磨，你在回顾过去的观念，你以一种旁观者的视角审视自身，发现了很多问题，同时你现在也知道什么是正确的思考习惯和行为习惯，接着你可能尝试去建立新的心智模式。

在这个认知不断优化的过程中，你的"元认知"能力被激活了。

什么是"元认知"能力？

"元认知"就是对自己的思维过程的认知与理解，你能够意识到自己在思考，能够了解自己的思考过程、思考方式和思考结果，并且能评估思考是否正确，进而纠正错误的思维过程。这其实是一种以旁观者的视角审视自身的能力。

比如，做数学题时，你会有一个完整的思考过程，然后得出答案。当我们发现答案错误的时候，就会重新回顾之前的思考过程，看看哪个地方出错了，怎样算才是正确的解答方式。在这个过程中，我们就调用了元认知能力，而缺乏元认知能力的人，面对错误时往往只会记住正确答案，而不会有意识地反思自己的思考方式哪里出了错。

元认知能力的思考过程一般是这样的：

（1）你首先会发现自己原来的想法是那样的；
（2）你会意识到，哦，我现在的想法可以是这样的；
（3）对过去与现在的想法进行比较，反复选择；
（4）在选择中，形成一套自己的思维体系和心智模式。

比如，读书这件事情，有的人是读了就忘，而懂得调用元认知能力的人，不只是简单地理解书中的文字以及文字所阐述的道理，他们更多注意到的是：

（1）作者的思考方式；

（2）作者的思考方式与自己的思考方式之间的不同；

（3）如果作者的思考方式有可取之处的话，自己的思考方式要做出哪些调整？

运用元认知能力去读书，你不仅读懂了书中的知识，还学会了作者有效的思考方式，并对自己固有的认知体系进行了更新和改进。

一旦你的元认知能力被激活了，你就能够脱离当下的思维和情境，站在更高的视角俯视自身。

元认知能力的强弱，不仅决定了我们认知的能力，还影响着我们觉察周围环境的能力、看清问题本质的能力、管理自身情绪的能力，等等。

一旦拥有了强大的元认知能力，我们就可以不断对自己的思考过程和思维方式进行检视，不断发现其中的错误，不断进行修正，然后按照更正确的想法来行动。在这一过程中，我们会持续构建新的心智模式，从而更好地应对这个复杂的世界。

## 反思：提升元认知能力的最高效手段

晚清名臣曾国藩，资质平平，却成就了一番功业，为世人所赞誉。

他从29岁开始写日记，终其一生，从来未有中断。于他而言，"吾日三省吾身"是需要践行一生的信念，而写日记的过程就相当于自省，对当天的所思、所想、所行进行全盘的检查和反思。

在反思的过程中，我们会主动让自己抽身出来审视发生的事情和场景，总结经验和教训，而这恰恰是调用元认知能力的一种刻意练习。大脑的元认知能力就像肌肉，你锻炼得越多，它就越发达，能力也就越强，而反思就是提升元认知能力的最高效手段。

瑞·达利欧在《原则》这本书中专门写了这样一个公式：

$$痛苦 + 反思 = 进步$$

如果人生中没有反思，我们就很容易"错误地失败"——一直犯相同的错误，没有任何改进。相反，只有在做事情看问题的时候加入了反思，我们才能"正确地失败"——能够在经历失败的过程中吸取教训，避免以后掉入同一个坑里。

**反思的作用**

反思其实是一种高维度的思考方式，它对我们的人生有以下几个重要作用：

**发现并纠正错误的心智模式**

某天领导给你安排了很多脏活累活，你觉得不公平，各种愤怒的小情绪爆发出来，造成你和领导关系紧张。当你抽身出来反思这件事情的时候，你会发现自己为人处世的习惯性心态是消极的，正是这种消极的心智模式让你得到不好的结果。但是如果你能够积极主动地跟领导沟通，就能够改变整个局面。

**巩固既有认知**

过去你也接触过要积极乐观这样的道理，但是经过反思之后，你会更加认同这种认知："积极的人看问题，总是能够看到机遇。"反思不仅巩固了过去习得的认知，还会让你对它有更深的理解。

**促进认知关联**

当你意识到积极是一种更好的心态，你还可以把这种认知关联到生活的其他方面。比如在与家人朋友闹矛盾的时候，你其实也可以采取积极的心态，求同存异，让彼此和谐相处。反思是我们日常生活中非常重要的一种能力，它可以打磨我们的价值观和认知能力，从而让我们的思考、选择和行为都更加适应这个世界。

而在反思的过程中，我们的思考能力会越来越强，思考的深度和广度都会有很大拓展，认知也就会有很大的飞跃。

反思应该成为日常的习惯，因为在工作生活中，我们很容易就陷入惯性的思维和行动中而不自知，甚至一而再再而三地掉到同样的坑里，既浪费时间又浪费精力。

反思的过程分为如下几步：

**回顾事实**

回顾让自己有感触、疑惑、痛苦等特别感受的事情，最好能够把事情的来龙去脉理清楚，可以采用6W2H要素法来回顾事实。

（注：6W2H：What, Why, Who, Whom, When, Where, How, How much，可以参考第一章第3节的内容。）

**记录思绪**

在记录基本事实的同时，写下自己当时的思考过程，以及相关的情绪反应。

**发现问题**

根据思考过程和情绪反应进行反思，看看哪些地方是有问题的。

**归因改善**

发现问题之后进行思考：

为什么会出现这个问题？
背后的深层原因是什么？
针对问题，如何纠正错误的行为？
有没有更好的处理方式？
如果换一种思考方式是不是可以得到更好的结果？

**关联迁移**

我过去还遇到过类似的事情吗？

这次反思发现的解决方案，可以迁移到生活中的哪些场景中去？

还有哪些类似的思考方式和认知方式可以供我参考？

**行动对照**

在第二天反思的时候，对照反思记录，想想自己有没有改进。

在整个反思的过程中，关键是记录和思考，根据以上流程通过撰写反思日志可以把整个反思过程记录下来。一方面，记录会让你的思考客观化，因为思考只停留在脑子里往往无法清晰化，就像有的人思绪繁多，但是真要他写下来却无从下笔。只有把思考写下来，你才能获得反思的支点，对自己的想法进行评估。

另一方面，日志也方便你日后对自己的反思进行二次回顾。将反思融入日常生活中，我们可以参考反思流程从以下几个方面着手：

**原则习惯的每日反思**

在自我定位闭环系统中，反思是最后一个环节，也是非常关键的一个环节，一旦缺少反思，整个自我定位系统就无法持续改进，定位的准确度和可行性都会大打折扣。

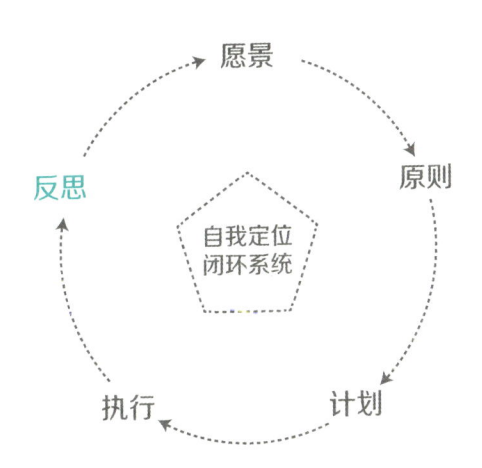

```
         愿景
      ↗      ↘
   反思        原则
    ↑    自我定位   ↓
         闭环系统
    ↑              ↓
   执行  ←        计划
```

在这个定位系统中，我们要根据行动中的反馈来反思原则和习惯。

这里以"每日反思"为例来了解到底该如何反思。每日反思可以安排在清晨，耗时少则十分钟，多则半小时。

你可以使用反思九宫格，在每个格子中填写需要反思的原则或者习惯，而这些原则是在自我定位闭环系统中的"原则"这个环节中建立起来的。

| | | |
|---|---|---|
| 解除自我防卫习惯 | 学会臣服 | 积极主动 |
| 不评判 \| 不比较 | 我表达清楚了吗？ | 要事第一 |
| 看到别人的好 | 健康管理 | 感恩记录 |

比如，第一个格子里写的是"解除自我防卫习惯"。自我防卫，是个一直困扰我的心智模式，以下就是我反思的一个案例：

1. 回顾事实

当我在跟同事交流的时候，一旦有人对我做的事情提出异议，我就会极力争辩，甚至是在没有认真听完别人反馈的情况下。最终大家不欢而散，没有交流出一个结果。

2. 记录思绪

在这个过程中，我总有一种想要得到别人认可的欲望，结果反而感觉到紧张和不安。而我和同事交流是为了更好地完成工作，谁对谁错并不重要。

3. 发现问题

在紧张不安的时候，我往往会表现得很有攻击性，并且无法接受别人的意见和看法，总是想要维护自己的观点，人际关系也会变得很紧张。

4. 归因改善

出现这样的问题，深层次的原因在于我抱持着"自我防卫"的心智模式，它指的是面对不同的观点，我们往往不是思考其合理性而是直接否认，拒绝接受更为正确的观念。我的应对策略是，当觉察到了自我防卫的心理，我就停止争辩、深呼吸，让自己沉静下来，专注于聆听。

5. 关联迁移

静下来认真倾听，是顺畅交流的关键，我可以把这种倾听式的交流运用到和家人的交流中。通过反思将生活案例化，我们就可以完善原则和习惯，让行动正确且可持续；通过关联迁移，我们也可以将生活中的其他经历和经验串联起来，实现以点带面的效果。

**小事总结，大事复盘**

所谓小事，就是学习到了一个新知识，跟人交流获得了一个新认知，开完会之后得到了一些新想法。

好记性不如烂笔头，大多数牛人都会有记录的习惯，他们常常随身携带一个本子，随时对一些小事进行思考和总结，问自己：

为什么要这么做？（Why）
我从中学到了什么？（What）
以后可以把这些知识方法用在其他什么地方呢？（How）

这种反思其实用到了一个理清思路的万能公式——黄金圈法则。面对任何事情任何问题，我们都可以从三个层面去思考——Why | How | What。

一天 24 小时，会发生许许多多的事情，有些是问题，有些是改进，有些是肯定，利用零碎时间对这些小事进行反思和记录，日积月累，你会发现自己有很大的进步。

除了小事，我们也会碰到一些大事，比如你和团队完成了一个复杂的大项目，或者你完成了一次大型的比赛，又或者你的家庭遭遇了一些变故等。

对于大事，我们更应该安排一段不被打扰的时间去复盘反思，从中挖掘出潜在的问题，追溯隐藏的根源，找到改进的方法。

**观察别人，吸取经验**

我们不仅仅要每日三省吾身，还要学会从别人的行动中总结经验教训，加速自己的成长。

有机构研究了 6516 例"冠状动脉旁路移植手术"，想要了解手术成败跟医生个人有什么关系，得出的结果非常有意思：

如果一个医生手术失败，那么他接下来手术成功的概率会下降；如果一个医生手术成功，那么他后继的手术更容易成功。

如果一个医生手术失败，他的同事的手术成功率就会提高，因为他们从他的失败中吸取了教训。

我们的失败可能会导致继续失败，但是别人的失败则可能是我们的成功之母，这说明我们的确可以通过观察别人来复盘自己。

发现别人失败的时候，我们可以观察他是哪里出了问题，想想以后自己面对这样的问题时该如何处理。别人做得好的时候，你也可以仔细研究别人是怎么做的，如果有道理，你也可以试试，并且通过行动反思来改进别人的方法，将其纳为己用。

**周期性回顾**

除了每日反思，我们还可以拉长时间线，从更大的周期来进行回顾和反思。在进行周期性回顾的时候，你可以参考以下流程：

本周、本月或本年的目标和期望是什么？
实际情况如何，比预期好还是不好？
做得好的原因是什么，不好的原因是什么？存在哪些问题？
总结经验，运用于实践。

在月度回顾的时候，我们还可以将本月的新启发、新方法、新认识、新问题集中汇总起来，以便于随时进行查阅和思考，让反思的效果周期性迭代。

## 高效反思的原则

反思是一个耗时费力的过程，但它在认知上给我们带来的价值回报却非常大。而要想让反思更高效，我们就要遵守以下原则：

## 高　频

年初的雄心壮志，到了年末往往偃旗息鼓，总是有种壮志未酬的惆怅。

如果你把反思的频率从每年一次，调整成每日一次、每周一次、每月一次，有了高频的自省，你会自然而然地变得更加自律，因为你在不停地监控自己的思考、选择和行动。

## 真　诚

所谓真诚，就是敢于直面现实，诚实地看待自己的生活、工作和问题，这直接决定了你反思的深度和效果。当别人骂了你，说了你很多难听的话，你在反思的时候，敢重新回顾一遍别人是怎么说你的吗？如果你不敢面对真实的自己，害怕触及让你痛苦的部分，你的反思就只会浮于表面，没办法深入。最终的结果就是，你以为自己在反思，实际上却只是在做无用功。你要给自己树立一个信念，反思会有痛苦，但是越痛苦，也就越深刻，对你的帮助就越大。

## 持　续

任何一件对人生有益的事情，往往都需要我们坚持去做，大多数人都高估了自己一年内能做到的事情，却低估了自己十年内能做到的事情。

反思是一个令人受益终身的习惯，所以我们要持续地进行反思，让它成为我们日常生活中的一部分。

持续反思，会因为时间的复利效应而让我们发生翻天覆地的变化。你会发现自己的变化是一天一天能看得到的，你也会因为得到了更多的反馈而积极去思考、去践行，越来越接近自己的目标。

## 行动中的反思，是认知迭代的捷径

微信是腾讯在 2011 年发布的一款产品，刚开始的 1.0 版本功能特别少，只有导入通讯录、发送信息、图片和设置头像昵称的功能。

> 微信 1.2 版本，可以让用户加备注和黑名单。
> 微信 2.0 版本，有了语音通讯功能。
> 微信 3.0 版本，有了摇一摇功能。
> 微信 4.0 版本，朋友圈闪亮登场。
> 微信 4.5 版本，公众号雏形初现。
> 微信 5.0 版本，微信支付正式进入社交生活。
> 微信 6.1 版本，红包登场，引爆了春节抢红包
> ……

从 1.0 版本到 2.0，再到 3.0、4.0，一直到 7.0，微信的每一次版本更新都是一次迭代，也许你没有发现这个新版本有多大变化，但是这个产品却一直在改进之中。

所谓迭代，就是小步快跑，不断优化，这需要通过行动中的反思来推进。

让我们一起来看看下面这个问题：

> 天已经黑了，你在一片黑暗森林中迷失了方向，现在你该怎么办？有人可能希望找到这个森林的地形图，然后参照地图走出森林，这样可能吗？存在这样一幅让你全面了解森林布局、避开毒蛇猛兽的地图吗？真实的处境是，你手里并没有这样一幅地图，周围也没人会给你送上这样一幅地图。

要想走出黑暗森林，你就必须去试错：打开手电筒，观察周围环境，然后试着找到一个行动的突破点。比如，听到了水声，就可以顺着水流的声音往前走；碰到了岔道口，就要抬头观察星空来辨别正确的方向，这样你才能够一步一步走出黑暗森林。

换句话说，你需要一步一步地去行动、去试错，然后通过反思行动中获得的反馈，来调整行动的方向和节奏。

单纯的思考，往往只是纸上谈兵，而用行动来刺激思考，用思考来改良行动，这种动态的认知更新，才是最有效的方法。

所以，认知迭代最重要的工具就是行动中的反思。

我们不仅要通过行动来获取认知,而且要在行动中反思自己获得的认知,去伪存真,改良行动,从而真正地让我们的认知升级迭代。

# 06

# 真正的高手，都有破局思维

比努力更重要的，是提升你的思维层次

在现实生活中，我们常常会陷入一种人生无解的怪圈里：

  你很穷，于是节衣缩食，结果却依然入不敷出；
  你很胖，于是拼命节食，结果却依然大腹便便；
  你很忙，于是天天加班，结果工作效率依然不高。

  你会很无奈地发现，自己努力做出的改变，却并没有得到预期的结果，这就像推磨的驴子，因为被蒙住了眼睛，所以一圈一圈不停地拉着磨。它感觉自己在一直往前走，不断进步不断成长，但事实上它一直在原地打转。
  爱因斯坦曾说，这个层次的问题，很难靠这个层次的思考来解决。如果这个层次的思考失效，我们又该如何找到出路呢？

让我们来做一个简单的实验。

将一束光投射在墙上,形成一片光亮的区域。然后,把你的手伸到光源前面,于是光亮的墙上就会出现你手掌的影子。

这时候,要改变墙上影子的形状,你可以直接在墙这个平面上对影子做任何修改吗?

显然你是做不到的,我们只能回到立体世界,改变你手掌的姿势,这样才能真正改变影子的形状。墙上的影子处于二维平面,而现实中你的手处于三维立体世界,影子只是三维立体的手在二维平面上的投射。

如果想要改变二维平面的影像,就要上升一个层次,到达三维去做改变。

这就是升维解决问题。

**案例一**

你很胖,要求自己每天痛苦地节食,可是你总会不经意地在某一天,经过一番纠结犹豫之后,选择到一家火锅店大快朵颐。结果回到家一称,体重又回去了,这时候,你又会跟自己发狠誓,下次绝对要管住嘴。可是,你从来也没有意识到,节食减肥只会让你的潜意识降低你的新陈代谢率,这会让你减少消耗,反而不利于减脂。而真正能够帮助你减肥的,不是管住嘴,而是借助饮食、运动的规律性来加速你的新陈代谢。

**案例二**

你很忙，天天周旋于各种会议、报表，为了赶上进度而加班加点。可是，这样连续几天的加班之后，你又开始陷入一种需要休息调整的状态，这时候你会给自己找各种借口，把事情往后拖。结果当别人来催你的时候，你又开始进入下一个加班周期，奔波忙碌。

也许，你从来没有意识到，这种周而复始的繁忙状态只会让你陷入一种高效率的假象，你的工作并没有因此变得出色，反而因为紧张忙碌而错漏百出。真正能让你摆脱工作负循环的，不是加班加点的穷忙，而是懂得做好计划、提升能力，辨别事情的轻重缓急。

人的思维是有层次的，你眼下的难题，往往需要提升一个思维层次来解决。

## 人生的思维逻辑层次

一个人的认知系统非常复杂，我们脑子里可能存在着各种声音、想法、评判，而外界成千上万的讯息也在不断地涌入大脑，所以有时候我们会下决心做出一些选择、行动，但过不了多久，又会因为内心的无序、精神上的不安而半途而废。

大部分人都容易陷入思维的瓶颈，不确定自己的努力是不是有效，不知道自己的改变能不能持续，至于短暂利益和长远考量之间的取舍，更是无从抉择。总体的状态就是困惑、纠结和迷惘，当下的难题也自然成了一团迷雾，无法看清楚其中的关键。

尽管思维有其复杂性，但大脑在思考和决策时，还是可以分出不同的逻辑层次。思维逻辑层次理论 NLP（Neuro-Logical Levels），最初由格雷戈里·贝特森发展出来，后由罗伯特·迪尔茨整理，在 1991 年推出。"NLP 思维逻辑层次"是一套很实用的理论，能够让我们提升认知，找到解决问题的方法。这里也将基于这个理论阐释如何通过提升思维层次来走出人生的怪圈。

"NLP 思维逻辑层次"将一件事情分解成 6 个层次来理解，每个层次之间是有高低之分的。一般来说，一个低层次的问题，在更高的层次里更容易找到解决方法，反过来说，一个高层次的问题，用一个低层次的办法来解决，则难以奏效。为了更好地理解思维层次，我们以解决生活贫困这个问题为例，从低到高依次看看不同思维层次的人会如何思考、解决这个问题。

第 6 层：环境

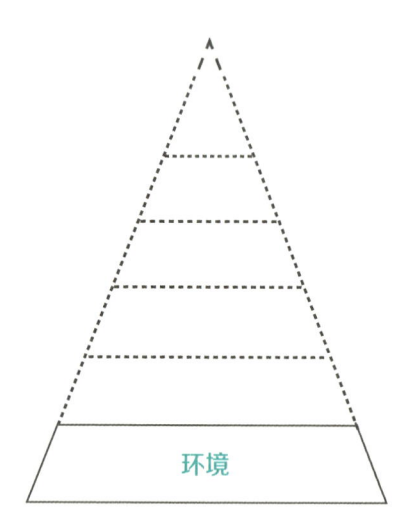

环境

环境层面的思考，包括对所有身体以外的条件的感知，比如人、事、物、地点、金钱等。

处于环境层面的人，看到的往往是自己当前的处境，局限于外在视角而无法看到其他更多的东西。

当他们遇到问题的时候，很容易把原因归咎于外界环境，然后把自己当作受害者发牢骚。比如，工作不开心，是同事的错；生活不顺利，是大环境差，政府不行。

如果一个生活贫困的人站在环境层面看问题，他就只能被眼前的现实所击败。

**第5层：行动**

意识到自己无法改变环境，有些人会把思维层次提升到行动这个层面。

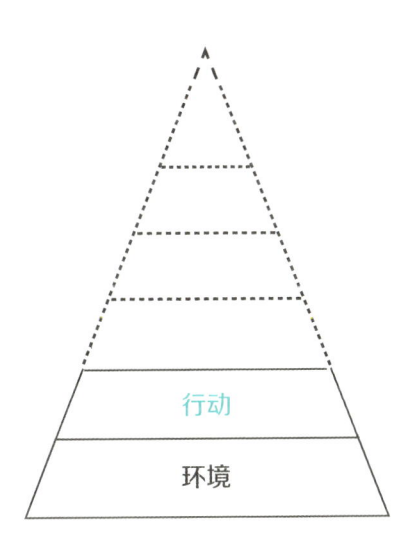

行动层面，指的是"做什么""有没有做"，即以实际行动来解决问题。

处于行动层面的人，往往都非常努力，想要通过行动来解决问题，改变命运。比如，工作不达标，就努力做更多事情；买不起房子，就多做几份兼职。

一个生活上懒惰的人如果在行动层面上思考，就很可能使蛮劲，努力搬砖，把工作填满生活，他也可能会很拮据，爱贪小便宜，只懂得索取，不懂得给予，甚至愿意牺牲宝贵的时间来节约金钱。但是，最终的结果往往并不如意，因为他很可能努力过头，身体垮了，也很可能努力的方法不对，事倍功半。

行动很重要，但只在行动这个层次思考，显然是不够的。

**第 4 层次：能力**

从行动上再上一个台阶，进入到能力层次，你思考的就不是简单的努力行动，而是让自己有足够的能力专业地做好一件事情。

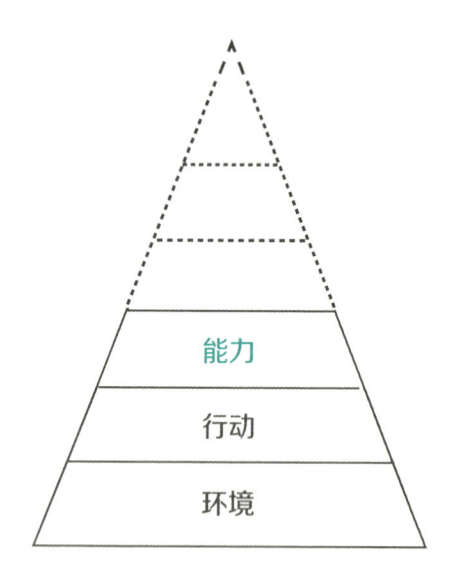

能力层面与一个人在现实中能有的选择相关，每一个选择都是一种能力，所以选择越多，说明能力越强。比如，你英语听说读写能力很强，就可以选择当英语老师，也可以选择做同声传译。在能力层面思考问题的人,往往能够积极地找到对的方法,积累自身能力,更高效地解决问题。比如,你和家人之间经常起冲突,你可能会归因于自己的沟通能力不好,从而去学习沟通技巧;你在职场迟迟没有晋升,就会试着深入学习专业知识,构建核心竞争力,从而提高效率,在工作中表现得更出色。

如果一个贫困的人在能力层面上思考,那么他更可能去学习一门专精的技能,提升自己的认知能力和领导能力,从而找到一份薪资更优渥的工作,而这也是很多普通人步入小康生活的路径。能力建立在行动和环境上,而不是孤立地存在,所以上一个层次的解决方法往往都是要基于下一个层次才能有效进行,否则就只是空中楼阁式的思考。

## 第3层:价值观

能力层面已经能够在很大程度上解决我们的问题,但是在进行能力层面思考的时候,你会面临很多选择,比如,既然要积累专业能力,找一份好工作,那么什么样的工作是你喜欢的?什么事情对你而言是有价值的?

这时候,仅仅停留在能力层面思考已经不足以做出正确的选择,所以,你需要再上升一个思维层次,到达价值观层面。

价值观,其实就是我们内心的一套信念拼图,它会潜移默化地影响我们看待周围事物和为人处世的方式。我们在这个思维层次上的思考往往是:

为什么做（或者不做）这件事情？

这件事情重要还是不重要？

这件事原本应该是怎样的？

从价值观层面来看待问题，你就可以发现自己内心的限制性信念，然后对其进行纠正，进而建立合适的原则，不断地优化选择。

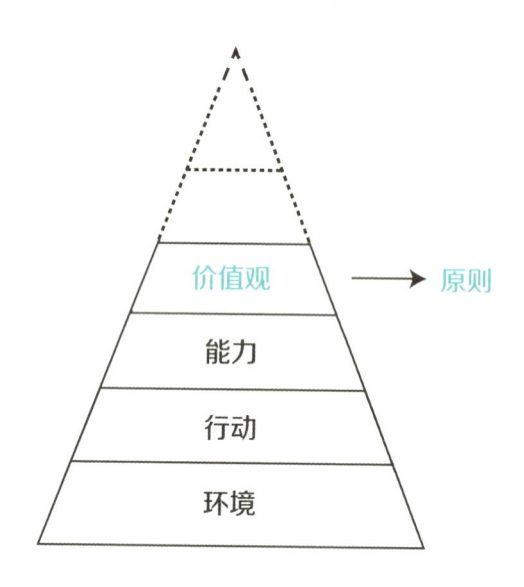

```
            /\
           /  \
          /----\
         / 价值观 \  →  原则
        /--------\
       /   能力   \
      /------------\
     /    行动      \
    /----------------\
   /      环境        \
  /--------------------\
```

其实在价值观层面的思考，对应的就是"自我定位闭环系统"里的"原则"这个环节，大家可以参考第一章第三节的内容，建立对价值观和原则更深刻的认识，这里就不再赘述。

如果一个生活懒惰的人站在价值观层面思考，可能会发现自己的限制性信念——财源供给有限,我和他人是你争我夺的竞争关系。而这种匮乏的信念会让他行事锱铢必较,很难与他人构建好的关系。如果在价值观层面进行调整,就可以重新定义新的信念——这个世界是富足的,我们只要有高价值的能力,就可以交换到足够多的资源。

基于新的信念,他就不会再把精力放在金钱上,而是选择放在未来发展的战略上,提升自己的能力价值,让自身的高价值来吸引资源;而他的处事原则也会变成慷慨友善,懂得与他人构建双赢的关系,渐渐地他所处的环境也会变得更加有利于个人发展,乃至帮他摆脱心智和生活上的贫穷。

只有在更高的思维层次上进行改变,往往才能从根源上解决问题并引发质的变化。

## 第2层:身份

其实在价值观层面进行思考,已经可以让我们的生活发生翻天覆地的变化了。但是如果价值观不够清晰,我们就很容易陷入不知如何选择的两难境地。比如,你现在有一份高薪工作,同时你也非常喜欢写作、画画,那你该怎么办?这时候,你就要站在身份层面来看待自己的选择。

身份就是一个人怎样看待自己,如何给自己定位,或者如何描述自己的人生角色,这就涉及他在这个世界的价值存在感。这个层面所关注的问题是:

我想成为一个什么样的人？

我想过一种什么样的生活？

这其实就是"自我定位闭环系统"里的"愿景"这个环节，你可以回顾前面的文章来了解如何设立愿景，从而完成身份层面的思考。

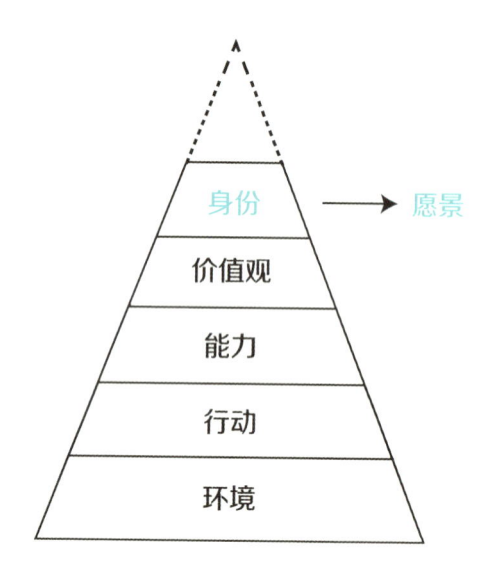

```
        身份  →  愿景
       价值观
        能力
        行动
        环境
```

明确了自己的身份，其实就明晰了自己的价值观。不同的身份层次，会有不一样的人生信念和原则，而这决定了你的人生选择。比如，你认为自己未来的身份应该是一家公司的架构师，你就会选择继续程序员的高薪工作；如果你想成为一名自由职业者，你就会选择以写作绘画作为事业。

身份是你的主动选择，而不是外界给你定义的角色。而这种身份的认同感，会让我们构建与之匹配的价值观，建立核心竞争力，为行动层面提供强大的驱动力，它最终决定了我们未来的人生方向。

如果一个生活贫困的人，明确了自己未来五年、十年之后的人生愿景，他自然就不会被眼前的窘迫所束缚，而是主动地去追求自己的理想，引导自己在价值观、能力、行动层面进行重构，最终过上富足的生活，改变贫穷的环境。

**第1层：精神**

在前面的5个层次里，我们都是从个人的角度来思考，而在最高阶的精神层面，我们关心的则是个人与世界上其他人、事、物的关系。

进入精神这个层次，你思考的是自己的人生使命，你能为别人带来什么影响，能够为世界带来什么改变。

如果你不清楚自己的身份，不知道自己想成为什么样的人，你就可以从精神这个层面出发，思考自己可以为这个世界做什么贡献，可以给别人提供什么帮助。

一旦确定了人生使命，你就可以思考什么样的身份能让你达成使命，这时候确定自己的身份就变得容易多了。

```
        精神  →  人生使命
       身份
      价值观
       能力
       行动
       环境
```

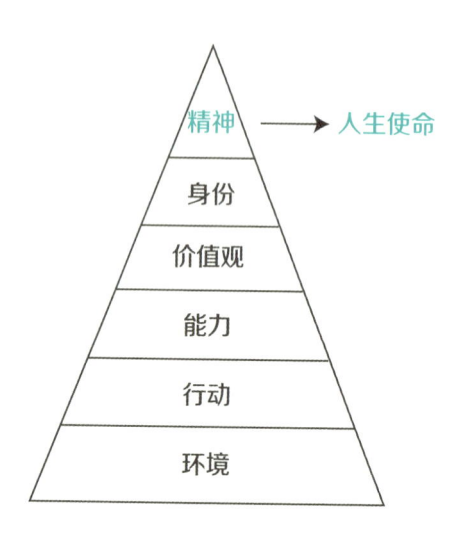

一个能站在精神层面思考人生的贫困者，一定可以走出贫穷，迈向富足。因为你抱持着一种利他的心态，愿意积极地为别人创造价值。而你创造的价值越大、帮助的人越多，你本身的价值就越大，而一个有价值的人，又怎么会贫穷呢？

将思维层次提升到精神层面，就是在为自己的人生赋予意义，让自己成为有价值的人，过有意义的生活。

思维层次逻辑理论的6个层次，从低到高依次是：环境、行动、能力、价值观、身份和精神。每一个思维层次的思考都有其特定的内涵和作用，你只有对每个思维层次都有深刻的理解，才能真正地进行升维思考，解决问题。

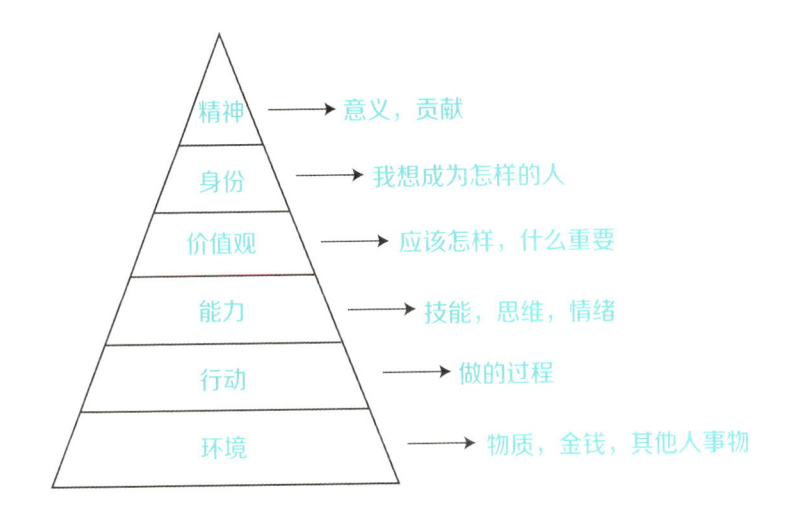

```
        精神 ──→ 意义，贡献
       身份 ──→ 我想成为怎样的人
      价值观 ──→ 应该怎样，什么重要
     能力 ──→ 技能，思维，情绪
    行动 ──→ 做的过程
   环境 ──→ 物质，金钱，其他人事物
```

## 自上而下地规划人生

在我们的思维逻辑层次里，每一层都不是孤立地存在。上一层次的思维一定要建构在下一层次的思维的基础之上，否则就是空中阁楼。而在思维层次不断上升的过程中，你会发现，越上层越重要，影响力越大，改变也越困难。

从第 6 层的环境，一直上升到第 2 层的身份，这 5 个层级其实和"自我定位闭环系统"的 5 个环节是相互映射的。

身份中蕴含着愿景，价值观反映的是原则，能力和行动来自计划和执行，而在环境层面我们可以对现状进行反思。从中可以看出，"自我定位闭环系统"其实是有理论基础的，而我们可以从

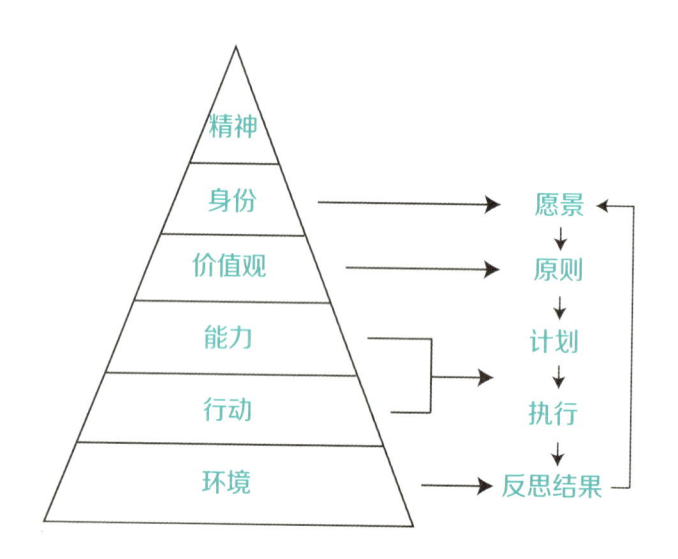

"思维逻辑层次理论"的角度，更深刻地理解这个定位系统。

```
        精神
       身份      ──────→  愿景  ←──┐
     价值观     ──────→  原则      │
      能力              ↓         │
                      计划        │
      行动     ──┐     ↓          │
                └──→  执行        │
      环境     ──────→ 反思结果 ──┘
```

在现实中，我们很容易被某一个层次困住，这时上升一个层次来看待问题才是真正的解决之道。上一层的思维模式直接影响着下一层的思考方式，如果你从高层次到低层次对思维模式进行重新定义，就有可能真正地改变现状。

所以，当我们使用思维层次理解人生的时候，应该像"自我定位闭环系统"那样自上而下地进行人生规划，也就是从精神身份层面探究人生的本质和问题的根源，然后沿着思维层次由高到低进行思考，从而打破僵局，重构自己的世界。

## 用时间维度提升思维层次

关于提升思维的层次，除了依据思维逻辑层次理论，还有很重要的一点是把时间这个维度纳入考量。大部分时候，我们都容易高估短期的收益，而低估长期的价值。但是如果加入时间这个维度，大部分事情就会变得清晰起来。

在美国华尔街的游戏规则里，一家公司每个季度财报上的数据都要足够亮眼才会获得资本的青睐，因为他们注重的是短期利润。不过，亚马逊公司却不以为然，反而选择以长线思维来获取增长。

亚马逊公司的 CEO 贝佐斯抱持这样的观念——所有只能产生短期利润的项目都不重要，无论现在多赚钱！能够产生长期现金流的项目才是最重要的，无论现在亏多少钱。

在他看来，如果你在做每件事时都把眼光放到未来三年，和你同台竞技的人会很多。但是如果你的目光能放到未来七年，能和你竞争的就很少了，因为很少有公司愿意做那么长远的打算。

而如今，亚马逊颠覆了书店，把美国最大的书店巴诺击败了；也颠覆了超市，它的市值超过了美国前 10 大零售店的市值总和；它甚至颠覆了计算能力市场——作为一家电商，居然打入了云计算的行业，而现在 Oracel、IBM、惠普、Dell 等传统计算公司巨头的市值加起来，都不如亚马逊。贝佐斯自己在 2017 年 3 月也超过了巴菲特，成为世界第二富豪。在 2017 年 10 月 28 日，他的身价飙升至近千亿美元，成为世界首富。

其实，一个人对于时间的认知，决定了他升维思考的高度。

如果你准备投资理财，不妨从更长的周期去考虑，这样才有可能获得稳定的复利效应。

如果你准备学习成长，不妨确立一个长远的目标，给自己一步一步脚踏实地践行的动力。

如果你在工作中遇到难题，不妨从更长远的职业生涯规划来思考，给自己一个明确的发展方向。

当把思考架构于时间之上，我们的思维视角就提升到了一个新的高度。

### 升维思考，降维攻击

从低层次的思维模式，逐层往上探究高层次的思维模式，这种升维往往能够挖掘出问题的关键。而结合时间维度来进行思考，则会让我们更清楚事情未来的演化方向，明晰自己的选择。

当我们处于一个更高的维度，也就拥有了"降维打击"的能力，它会让我们从眼下的困局中跳脱出来，以一种全新的方式来看待世界，原来的问题也就迎刃而解了。

这就像玩游戏，打不过怪兽，你非常郁闷，该怎么办？这时候你就需要去升级自己的装备，添加各种技能属性，这样才能提升战斗力，对比你装备差、战斗力比你低的对手进行降维打击，从而获胜。

其实，提升了思维的层次，你就对现状有了全新的认知，拥有了更高的视野，看清了事实的真相，改变现状也就水到渠成了。

人生就是一场长途跋涉，有时候我们会遇到一片浓雾，不知所向。这时候，如果你试着爬上一处高地，对照着手里的那张信念拼图，就能辨别出旅程的方向，然后继续鼓起勇气，耐心地走下去。如果你发现自己总是周而复始地遇到同样的问题，这时就需要提升自己的思维层次，用"升维思考"来"降维打击"，从而完成人生中的破局。

## 重构瞬间

▶ 敢于承认自己无知,勇于直面痛苦,这是认知升级的起点。

▶ 学习的本质是触达和重复。学而时习之,有原则、有策略地学习,才能成为一个合格的自我学习者。

▶ 交流的最佳状态,是把自己的认知当作一种猜想。

▶ 反思是认知迭代的捷径,事事反思,时时反思,让反思成为你日常生活中的例行公事。

▶ 升维思考,才能降维打击。通过思维逻辑层次和时间上的认知升维,你可以重构自己的格局。

# 第三章
## 精进指南

成为工作生活的高效管理者

自我的精进,需要一个人时刻管理好自己。
只有凡事用心,着眼于自身,
你才能真正地改变自己,把人生过到极致。

# 01

# 自律是解决人生问题的万能钥匙

自我管理的本质是自律

以前有个老板在面试的时候，总是喜欢问应聘者一个问题："你有什么事情坚持了 2 年以上？"

我一直很好奇为什么他每次都要问这个问题，就去请教他。他跟我说，一个人如果能够长期坚持做一件事情，说明这个人很自律，而只有自律才能让我们主动要求自己用积极的态度去承受痛苦，解决问题。

长期的自律，是自我管理的本质，它是指一个人能够通过自我控制能力管理好自己的身体、情绪和工作生活。

所谓自我控制能力，就是能够有意识地控制自己、抵御外界诱惑、坚定实现理性目标的能力。

举个简单的例子，你特别爱打游戏，晚上一大帮朋友约你组局去打王者荣耀，但你一想到工作上的事情还没做完，算了还是不去了，这就是自我控制能力最简单的一种表现。

《意志力》一书中有这样一段话:"最主要的个人问题和社会问题,核心都在于缺乏自我控制。不由自主地花钱借钱,冲动之下打人,学习成绩不好,工作拖拖拉拉,酗酒吸毒,饮食不健康,缺乏锻炼,长期焦虑,大发脾气……"

事实上,人生的核心问题,就是自律。情商之父丹尼尔·戈尔曼认为,性格的根基是自律,而延迟满足、控制自己和引导冲动的能力是基本的情绪技能。近 20 年的研究表明,具有自律型人格的人都有以下优势:

更高的创造力水平;
更加灵活地运用所学知识;
更加适应性地去考虑问题;
更加出色的任务表现力;
更强的人际交往能力。

所谓"自律给我自由",实际上来源于文艺复兴时期法国作家蒙田说的一句话:"真正的自由,是在所有时候都能控制自己。"

为了获得真正的自由,我们就得给自己设定限制,自律地去坚持做一些事情。只有做好了这些事情,你才能掌控人生各个方面的主动权,从而达成我们所谓的自由 —— 财务自由、时间自由、身体自由等。

自律和自由的关系,就好比风筝和线。表面上看,线在束缚着风筝，实际上正是因为有了这根线，风筝才能越飞越高，而离了线的风筝只能坠落。

## 潜藏于自律中的心智模式

杰克·威林克（Jocko Wilink）在海豹突击队服役了二十年，退伍之后还跟人开了一家咨询公司，教授领导力和管理经验。有一次，作家菲里斯特意请他来家里做客，还让威林克在家里住了一个晚上。结果菲里斯的女友早上八点就把他叫醒了，说威林克好像四个小时之前就起床了，一直在看书，这让她不知道如何是好。菲里斯就问威林克，为什么非得早起呢？威林克说，他的内心总是有个感觉，时刻都可能有个敌人在某个地方，拿着冲锋枪要和他搏斗。而早起，能让他获得一种战胜敌人的感觉。早起，于他而言只是件稀松平常的事情，而他也已经坚持这个习惯几十年了。在威林克的眼里，自律不仅毫不费劲，而且还理所应当。

威林克取得这样的成就，根本原因是他很自律吗？他是因为有了自律，所以才能够坚持早起吗？

答案是 NO。很多人错把自律当成别人坚持下去的原因，其实是掉进了归因谬误的陷阱里。能不能坚持下去的真正原因，在于你对于这件事情有没有采取行动的欲望，是这种欲望给了你足够的动力去自律。

假设现在有两个选项，你可以选择背 100 个单词，也可以选择玩《王者荣耀》。这时候，大部分人都会选择玩游戏，因为那件事情是很多人喜欢做的。

自律只是结果，而不是根源。我们看到别人成功了，以为那是因为他很自律。错！自律地做事情，只是一种现象，根源是他想清楚了为什么要做那件事情，是他感受到了内心的召唤。

而威林克的自律，就来自他内心想要时刻做战斗准备的欲望。这种内在的真实渴求，让他早早地起床，静静地读书。

美国心理学家鲍迈斯特曾做了这样一个实验：他们把两组饿了半天的学生带入同一间屋子，给一组学生提供巧克力曲奇，另一组学生则不提供任何食物，然后研究人员离开屋子。

虽然无任何食物供给的学生并没有在无人监管的情况下偷吃巧克力曲奇，但他们在抵制食物诱惑的时候已经消耗了一部分意志力。

接下来，研究人员重新回到了屋内，并且给两组人一个无解的问题，目的是想看看他们能够和这个问题奋斗多长时间。

结果差异惊人：吃了巧克力曲奇的学生在解决难题上坚持了近20分钟，而没有吃东西的学生平均只坚持了不到10分钟。

很多心理学家都尝试过类似的实验，但最后都得出了相同的结论：人的意志力是有限的。

人生来懒惰，而自律是反本能的，仅仅依靠个人有限的意志力来跟本能对抗，这本身就难以持续。

**驱动一个人自律地执行计划、完成目标的，其实是他的内在**

感受，他的渴求。

潜藏于自律中的是一种"Be-Do-Have"的心智模式——先明确了自己想成为什么样的人，然后才会去想做些什么，之后才会有自律的行动，最后梦寐以求的东西才会随之渐渐显现。

比如你想要减肥，你的自律心智模式应该像下面这样：

Be：先探索自己减肥背后的内心诉求和身份定位。

如果是因为你想成为一个有自信、有魅力的人，你就打开了思考的大门：有自信有魅力的人会做些什么呢？他们肯定会喜欢社交，参加活动，而不是宅在家里。他们肯定也希望自己有个好身材，这样才能自信地和别人交往。这么一想，健身就成了刚需。

Do：既然健身已经成了自信的刚需，那么我们自然会愿意花时间去运动了。

Have：自律健身的结果，就是你最后能够拥有一直渴望的好身材。而减肥，不就是自然而然的事情吗？

"Be-Do-Have"心智模式，和我们在前面章节中提到的价值框架以及NLP思维逻辑层次理论是对应统一的。

由此可见，一个人的成长往往是由内而外的。内在底层的驱动力，才是成长过程顺利推进的原生力量。

人的内在定位准了，需求改变了，行动自然也就变了。而这样的行动，因为有了持续的内在刚需作驱动，才会变得自律而长久。

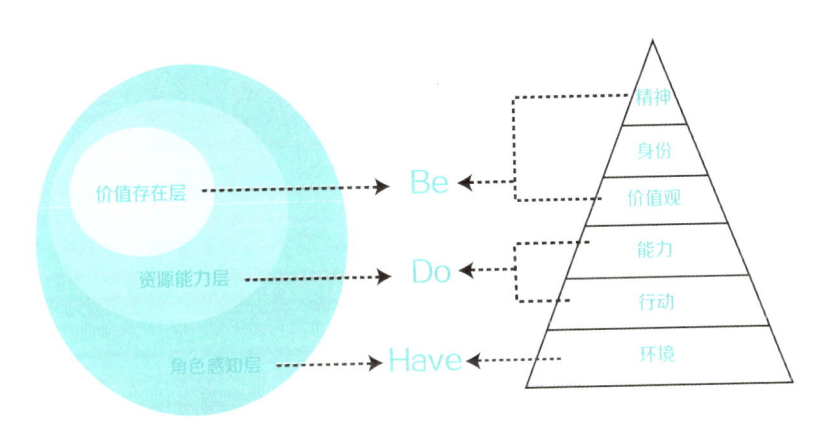

价值存在层 ────► Be ◄──── 精神 / 身份 / 价值观

资源能力层 ────► Do ◄──── 能力 / 行动

角色感知层 ────► Have ◄──── 环境

## 微习惯，助你度过自律的准备阶段

当我们明确了自己想要什么，我们也就拥有了坚持行动的内在动力。

可是很多人面对一件不那么擅长的事情，从一开始就希望自己可以做得足够好。

你看到了别人成功减肥的励志故事，就开始急着去淘宝上买了一堆健身器材回来，哑铃、滚轮、拉伸带，一个都不能少。之后，你看着电视，举了几次哑铃，拉伸了几下身体，也流了一点点汗水，以为这样的坚持就可以有瘦下来的那一天。结果过了好几个月直到今天，你依然还是那个羡慕别人瘦羞愧自己胖的路人。

我们半途而废的最大原因,来自过高期待与"骨感"现实之间的巨大差距。任何一件事情、一个行动,如果要转变成自律的习惯,都需要经历以下四个阶段:

意识阶段
准备阶段
行动阶段
保持阶段

在意识阶段里,你往往有非常强烈的改变欲望,但同时内心也非常脆弱。大部分三分钟热度的坚持,往往都是因为略过了准备阶段,直接从意识阶段跳到了行动阶段。从你意识到自己的问题,产生想要改变的冲动,到你开始高强度的行动,这之间没有任何缓冲期,根本未曾考虑毫无行动的你是否能够立刻适应这样突发的压力。

准备阶段是我们能够成功养成习惯的关键,因为如果没有准备阶段,你就会对行动有过高的期待——你会希望自己每天坚持运动30分钟,一个月瘦10公斤,或者每周看4本书,然后一年把堆积在书单上的所有书都看完。

但是过高的期待,往往也意味着更猛烈的挫折,而你自律的意愿也会因为过多的负面反馈而瓦解。甚至在经历几次骤起骤落之后,你反而会形成一种认命的心态,为自己不行动寻找各种借口。

渐渐地，自律就成了你的负担，每一次的坚持都成了你的地狱。其实，这个世界根本不存在速成，大部分的成功都需要时间的沉淀。所以，当我们刚开始培养自律习惯的时候，应该降低心理预期，在循序渐进的行动中不断提升自己。

自律，是一场与自己较量的马拉松，而你总要找到属于自己的节奏。而微习惯，就是将一个我们心之所向的习惯缩减到我们感觉舒服的程度。

比如学英语这个习惯，你就可以从每天读一篇文章缩小到每天读一个小段落；比如减肥，你就可以从每天50个仰卧起坐缩减到每天5个仰卧起坐；比如练字，你就可以从每天练习10个字开始起步。这样的微习惯设定能够让我们更加轻松地迈出第一步。

关键的第一步迈出之后，我们就可以在以后不断重复微习惯的过程中，给自己一些奖励，并逐步加大行动的强度。比如读完了英语就给自己一块可口的巧克力，之后再多读一小段；健身完之后就发个朋友圈分享自己的运动成果，第二周再多做几个仰卧起坐。

这样循序渐进的行动，会让我们有持续可见的成就感。而这些成就感所带来的自我肯定，也会让我们有足够的信心度过自律的准备阶段，有更强的内在驱动力坚持下去。

日积月累，我们慢慢就会习惯成自然，最后你可以毫不费力地完成一件过去无法想象的事情，改变也会悄然而至。

## 如何提高自控力

走过了自律的准备阶段,想要走得更远,还需要从以下几个方面来提高自我控制能力。

**设定长期愿景**

有些事情,有了意义,才能走得更远。给自己设定一个有意义的长期的愿景目标,才有可能最大化地激活我们内在的需求渴望。

这恰好和"自我定位闭环系统"中的"愿景"这个环节相契合,你可以回顾前面的内容,学习如何确立长远的愿景目标。

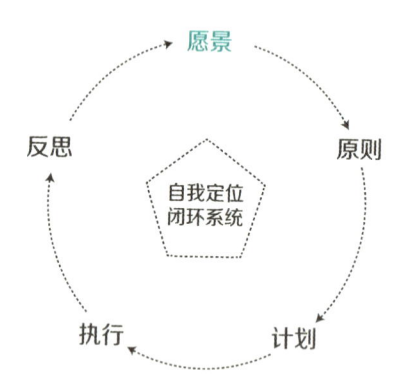

短期的目标可以通过数据量化来达成,但是有意义的长期愿景,应该是一个完整的状态,而不是一堆冰冷的数据。依据"Be-

Do-Have"心智模式,它应该是"Be something",而不是"Have something"。如果只是一堆看起来漂亮的指标,我们的视角就会变窄,更不要说自律地坚持去达成。

**延迟满足**

延迟满足,反映的就是一个人的自我控制能力。它让我们在没有外界监督的情况下,适当地控制、调节自己的行为,抑制冲动,抵制诱惑,避免沉迷于短暂的本能欲望,投身于具有长远价值的事物中。

这个世界,大多数的迅速获利,都自带坑人的属性。

因为想要满足口腹之欲,所以暴饮暴食大快朵颐,却从不把长远的健康放在眼里。

因为想要迅速致富,所以在股市里赌上全部的积蓄,却从不去考虑自己是否具有专业的投资能力;

因为想要赶早成名,所以投身于王婆卖瓜自卖自夸的营销模式中,却不曾意识到金玉其外往往败絮其中。

贪图短期的利益而忽视长期的价值,这就是人性的弱点。

在查理·芒格的智慧箴言里面有一条祖母立下的规矩:必须吃完胡萝卜,然后才能吃甜点。

面对一块奶油蛋糕,你喜欢吃奶油,还是蛋糕?如果你喜欢奶油,以后就先吃蛋糕;如果你喜欢蛋糕,以后就先吃奶油。能够把艰难费力的要事，放到自己感兴趣的事情之前去做，我们就懂得了延迟满足，获得了长远的时间透视力，看得更远，也走得更远。

**减少短期诱惑**

在远古的采集狩猎时期，人类饿了就摘果子吃，渴了就找水喝，周围艰险的环境让人类不得不及时抓住转瞬即逝的满足感。所以，长期伴随着人类的即时满足的本性，让我们很难拒绝短期诱惑，站在更长的时间线上来思考。

就像那些在股市里追涨杀跌的人，在他们眼里只有短期 K 线的起伏不定，看到股票涨了，就急着抛出，无法等待长期更大的盈利回报。

既然鼠目寸光的本性很难被消除，我们就要从反面来思考：如果自己做不到完全控制自己，就减少短期的诱惑。

比如，你通过研究长期看好一只基本面很好的股票，就不要天天盯着盘面，而是选择更长周期的观察，比如一个月看一次，这样就能够远离短期股价涨跌的刺激。

随着时代的进步，我们面对的诱惑越来越多，即时满足的机会也越来越多。有时候，把棉花糖拿开，减少短期诱惑，而不是挑战自己的自控能力，会是一种更好的选择。

## 早起,是开启自律的最佳方式

自从开始工作,相比起学生时代两点一线的规律作息,我的生活充斥着懒散和将就,每天晚睡晚起,身体渐渐臃肿。

人生要垮掉,深陷泥沼之中难以自拔,怎么办?我的改变源自一次睽违已久的早起,相较于跑步健身之类让人感觉有些费力的自律,早起显然没那么困难。

早起之后,你会发现诸多好处:

作息变得有规律。因为要早起,你会选择早睡而不是熬夜;

经过一晚的充电,在精力更充足的情况下,你更愿意处理有难度的事情;

相比起晚上被各种信息干扰,内心浮躁,早晨大脑更清静,做事情的效率更高;

你会发现自己的生活凭空多了2个小时,自我感觉非常好;

在早晨就把重要的事情处理完毕,你的内心会很有成就感,你也能更从容地开展后续的工作;

不再匆忙,不再迟到,而是懂得规划,把生活安排得井井有条;

因为早起,你开始积极地面对生活,解决问题,因为有了富余的时间,你开始阅读、反思、写作、跑步,你渐渐找到对生活的掌控感。

早起是自律的启动器，给你这样一个支点，就可以"以点带面"地把自己的生活全部带动起来。那怎样让自己毫不费力地早起呢？

影响我们早起的因素很多，但我们可以从睡眠入手，培养早起的自律性。

**找到睡醒的时间节点**

美国生理学家拿撒尼尔·克雷特曼及其门生尤金·阿瑟林斯基发现了"快速眼动睡眠"（Rapid Eye Movement, 简称REM），也就是在睡眠中的眼睑会出现频繁转动。进一步研究发现，一整夜的睡眠是由多个睡眠周期组成的，每个睡眠周期分为两部分，一个是快速眼动睡眠REM，另一个是非快速眼动睡眠Non-REM，而Non-REM可以细分为4个阶段：入睡期、浅睡期、熟睡期、深睡期。

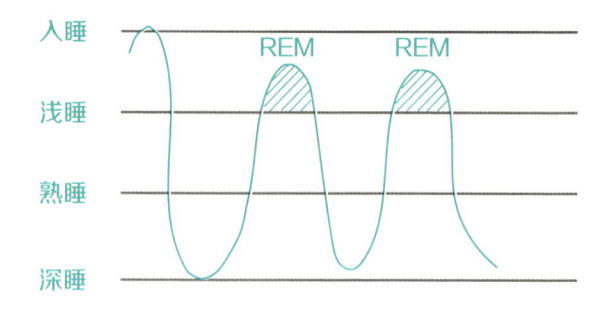

所以在一个睡眠周期里，我们会从浅睡，到深睡，再到 REM。如果把 REM 阶段的睡眠者唤醒，他们会认为自己正在做着记忆鲜明的梦，而且在这个阶段被叫醒也不会很难受。

基于睡眠周期，英超曼联运动睡眠专家设计了 R90 睡眠法，这里的 90 就是 90 分钟，也就是一个睡眠周期的时间。质量较好的睡眠，通常要经历 4 个或 5 个睡眠周期，即 6 个小时或者 7.5 个小时。

每个人情况不一样，有的人的睡眠周期可能是 100 分钟，所以他的 5 个完整睡眠周期可能就是 500 分钟，8.3 个小时。

你可以连续几天在 10 点入睡，然后观察自然醒来的睡眠时间是多久。一般来说，这个自然睡醒的时间，就是睡眠周期的整数倍。这时候你起床，一般就会感到头脑清醒，精力充沛。

确定了睡眠时间，你就可以推算自己晚上睡觉和白天早起的时间节点，从而让自己轻松摆脱晚睡的恶习，培养早起的习惯。

### 白天运动，晚上少吃

运动也有助于睡眠和新陈代谢，所以每天保持适当的运动量，也有助于你更快地进入深度睡眠。当你有了高质量的睡眠，也就更容易早起；反过来，早起之后，你也会有更多的时间来运动，这两者之间是相辅相成的。

另外，晚上要少吃，因为吃太多食物，容易引起身体亢奋，并且会让我们的身体分泌过多的胰岛素，在睡前身体新陈代谢下降的情况下促进脂肪合成，影响身体健康，更不利于睡眠。

**睡前放松大脑**

现在人们面对的诱惑太多，很多人睡前最常做的事情就是刷手机、看视频，越看越兴奋，明明身体已经很疲惫，但大脑却不听使唤地继续死撑。最好的建议是，在睡前半小时关闭电脑手机等电子设备，让自己的大脑冷却下来，把身心调适到适合睡眠的状态。

比如，你可以整理整理房间，练习一下冥想，或者读一读让人平静的书籍等。

**实践"5 秒法则"**

TED 的演讲者梅尔·罗宾斯过去是一位普通的美国家庭主妇，自己没有工作，在家带孩子，生活单调而乏味。

最让她头疼的问题是每天早上起不来：每天清晨闹铃一响，她就会下意识地关闭闹钟继续睡，醒来才发现时间已经晚了，早餐来不及做，小孩上学还经常迟到，而她总是在忙碌中手足无措、疲于奔命。

所有这些糟糕的经历在某一天戛然而止，她突然间发现了一个摆脱赖床和拖延症的方法——"5 秒法则"。

借助这个方法，她每天按时早起，变得自律，后来还因此登上了 TED 的演讲舞台，并写了一本同名书籍《5 秒法则》，成了畅销书作家。似乎一夜之间，她就从重度拖延的家庭主妇摇身一变，成了生活精彩的人生赢家。

梅尔·罗宾斯的"5 秒法则"如此神奇，其实来自她的一次突发奇想。

某天晚上睡觉前，她瞄到电视广告里出现了一个火箭升空倒计时的画面，然后她就听到电视里传来的声音：5、4、3、2、1，发射！火箭腾空而起，喷出巨大的火焰，周围烟尘四起。

她突然有了一个灵感：我老是起不来，要不我试试把早上起床想象成火箭发射，一下子把自己弹起来？她准备第二天以这样的方式早起，所以定了一个比以前早半个小时的闹钟。

第二天，闹铃响了，她本来想要摁掉闹钟继续睡，但突然想到昨天的睡前计划，就第一时间在心里倒数：5、4、3、2、1，发射！默念完，她就真的"腾"地一下从床上弹起来了。

"5 秒法则"之所以奏效，是因为它给你制造了一个"发起仪式"，将你内心的噪声屏蔽了，在隔离了负面情绪和感受之外还会给你一种紧迫感，逼着你必须行动起来。

一旦决定要早起，你就要在早晨闹铃响的那一刻，倒数 5 秒，然后毫不犹豫地翻身起床。当你开始习惯了早睡早起，你就能甩掉懒散的心态，变得自律起来，而它会带动你的整个人生，慢慢变好。

自律，做不到的时候，我们就会把它推得远远的，放到神龛去，默默地说："看，那个东西很棒，不过，和我没什么关系。"

可是，在有些人的眼里，自律不过就是内心明朗之后的顺势而为。如果你是一个特别自律的人，每时每刻都知道自己应该做什么，你就会获得一种自由的感觉。

而越自律的人，生活就越有底气。接下来，我们将从"清单"和"行动"两个层面探讨如何让自己变得自律。

# 02

## 清单是掌控生活的利器

用清单式思维,成为生活的舵手

我实践清单已经有好些年了。一开始主要是用在工作上——我会在每天早晨浏览邮件和相关工作消息之后，给自己列一个"当日事务清单"，将当天要做的事情一一列出来，并且标记重要程度，排出优先级。

渐渐地，我也把清单引入了自己的生活中——比如，在"自我定位闭环系统"的"计划"环节，我会有月计划清单，将这个月要做的事情列出来，这些事项接下来又会安排进我的周计划清单，而落到实处的每日计划清单则会根据每周的计划清单来为要做的事情分配相应的时间。除此之外，我还会使用"晨间反思九宫格清单""个人原则清单""思维模型收集清单"等。

美国多米尼克大学教授盖尔·马修斯博士的研究发现，把事情写下来，最后能完成的概率会提高三成。列清单已然成了我工作生活的一部分，它是自我管理很重要的一个工具，让我始终对自己有一个客观的督促和指导，并建立起一种清单式的思维方式。

## 清单在自我管理中的价值

投资大师巴菲特曾说，他之所以能比其他人投资更成功，不仅仅因为他有正确的决策，还有一个很重要的原因就是他能避免犯一些愚蠢的错误。

清单就是让你把事情做正确的必要方式，连著名的《科学》杂志，也刊发书评直言不讳地宣告：人人都该有份小清单。

清单思维，就是用清单进行自我管理的思维方式，看似简单，却作用显著。

### 列清单确立工作生活的重心

列清单可以让我们明确工作和生活的重心，树立"要事第一"的标准。很多人并不清楚人生的重心是什么，所以总会觉得时间转瞬即逝，但是要做的事情却一直堆积着。如果你在某个特定时段没有任何规划，生活中就会出现真空状态，你很容易就被各种短期的诱惑所吸引。

而当你开始列清单，你就通过清单式思维开启了思考——你得回顾自己做了什么，看看当前还有什么没做；你需要确定自己的目标是什么，为了达成目标，哪些事情要今天做，哪些事情要明天做；今天哪些事情最重要，哪些事情要亲力亲为，哪些事情可以委派别人来做……

开始进行清单式思考之后，你的目标就会越来越清晰，你也会更清楚当下事务的轻重缓急，同时专注于计划，提升做事效率。

**待办事项清单**

- 可以做
- 可以做
- 应该做
- 可以做
- 应该做
- 可以做
- 应该做
- 可以做
- 可以做

**成功清单**

1. 应该做
2. 应该做
3. 应该做

而一旦你确立了最重要的事情，日常的待办事项清单就变成了成功清单，因为根据二八法则，80% 的成效来自最重要的那 20% 的事情。

**列清单查缺补漏，防止犯错**

人脑不是电脑，工作记忆有限，如果信息量太大、任务太多就容易疏忽，即使很简单的东西也会因为负载饱和而出错。列清单能够帮助我们查缺补漏。

2001 年，在约翰·霍普金斯医院里，有一位叫彼德·伯诺瓦思的医生私下让加护病房的护士观察并记录医生们进行手术时，是否完成了每一个既定步骤。

在短短一个月内，就发现在至少三分之一的手术案例中，医生遗漏了其中一环。后来，在伯诺瓦思的建议下，为了防止静脉置管引发感染，医院推出了手术操作步骤清单：

用消毒皂洗手消毒；
用氯己定对病人的皮肤进行消毒；
给病人的整个身体盖上无菌手术单；
戴上医用帽、医用口罩、无菌手套并穿好手术服；
待导管插入后在插入点贴上消毒纱布。

这个简单的步骤清单，在很多医生眼里有点傻，但却让插入中心静脉置管 10 天引发感染的比例，从 11% 下降到 0，在 18 个月内挽救了 1500 名病人的性命。

我们的思维和记忆都比较懒惰，所以有句俗语说"好记性不如烂笔头"。在生活中，比如要外出旅行，列一个物品准备清单，不仅能够让我们准备好必带物品，还会让旅行的计划更加顺畅。

投资大师查理·芒格曾经给过大家一个忠告："人们需要养成核对检查清单的习惯，核对检查清单能避免很多错误。我们不应该满足于掌握广泛的基础知识，而是应该将它们在头脑中列成清单。"

**列清单是认知客观化的有效工具**

尤瓦尔·赫拉利在《今日简史》一书中提到一个概念——"知识错觉",指的是你知道的比你想象的少。

仅将思考停留在大脑中,记忆往往并没有我们想象中清晰。所以,我们需要将认知客观化,将认知转换成客观具象的东西,从而避免认知错误和偏差。清单为我们的认知提供了支点,有了它,我们就能实时检查自己的想法,调整自己的行为。

**列清单是对心理的一种疗愈**

《为什么精英都是清单控》一书中有这样一段有意思的描述:"提笔写清单是一种'疗愈'的活动,有让人平静下来的作用。把心事'卸下'放到纸上,可以让你注视着它,不用费力去记它,这样你的焦虑就会降低。"

亚特兰大的心理治疗师崔西·马克斯也曾说,信息的吸收、存储和组织都是很费脑力的,这类心理压力对人的情绪和生理状态会造成很大的负担,我们可能会因此焦躁不安,而列清单就给了我们一个宣泄情绪和焦虑的出口。其实当我们完成了一件件事情,把清单上的一个个事项打上钩,或是直接划掉的时候,内心往往会有很大的成就感,由此产生的掌控感也会让我们变得更加积极。

列清单就是我们处理事务和问题的一个工具,当我们把清单式思维放在自我管理的层面，其实就是在提升思考质量，让工作和生活更有序。

就像很久都没打扫的房子，如果你拥有一张初始布局的清单，你就获得了一种扫除力，不仅可以改变当下混乱无序的状况，还可以创造性地修改清单，移除一些无价值的物品，添置一些更有意思的东西，从而让你的物质生活和精神状态都拥有更理想的空间。

### 建立清单的基本原则

既然清单有这么多价值，那么我们拿清单照着做不就可以了？

事实上，清单看起来简单，但实践起来并不容易，就像公司的规章制度，有几个人真的严格执行呢？有时候甚至我们自己制定的清单，也可能用了几次就抛之脑后。

清单样式有很多，比如前面提到的计划清单、手术操作步骤清单，它们是流程清单；而芒格投资时的检查清单，则是要素确认清单，没有流程顺序，只是列出所有关键要素。清单的类型多种多样，但要建立一个有效的清单，让它在自我管理上发挥作用，则要在设计上遵循一些共同的原则。

## 简明扼要可执行

清单从来都不是大而全的操作手册,而是理性思考后的管理工具,简单精准比面面俱到更重要。我们不需要把所有细节一一罗列出来,而是要找到提醒我们的关键内容,简单易懂。可执行则是指清单要具体且有可操作性,结果能被评估从而改进。

## 设置提醒节点

很多人列了很多清单,却会忘记什么时候该用哪个。所以,在你列清单的时候,就要想清楚,在哪个节点上你会使用这个清单,是事情开始前、执行中,还是结束后。

比如,我在出门的时候,就会默念"手机要(钥匙)钱(钱包)",这就是一个提醒节点,确保我出门的时候不会忘记拿东西。

《清单革命》一书中有一个例子,金融投资家库克把自己在投资的各个阶段需要注意的事项整理成了清单。其中有一个叫"第三日清单",也就是说分析一家公司的时候,到了第三天,他就会拿出这个清单。这个清单要求研究人员关注财务报表的注脚,并阅读重大管理风险。

对库克来说,研究过程的第三天,就是使用清单的提醒节点。提醒节点也可以设置成意外情况发生的时候,比如工作中电脑黑屏的时候,我们可以在这个提醒节点拿出对应故障的检查清单进行处理。

**持续更新**

现实远比想象更为复杂，只有在实践中不断验证修订，才能保持清单始终正确和有效。

所以，每隔一段时间，就把清单拿出来，回顾这段时间执行清单的过程中是否遇到什么问题，这个问题是源自清单本身的缺陷，还是你在执行时候的偏离。经过这样的思考，你就会慢慢注意到新的现实状况，从而对清单进行更新修正。

举个例子，《原则》这本书最早是一个清单，只是在桥水公司内部流传。在 2010 年，瑞·达利欧将它发布在公司网站上，并且在网上不断地修订更新。此后这个文档在投资圈广为流传，被下载超过 300 万次，书籍在出版之后也得到了火热的追捧。

清单的精髓不是简单地罗列注意事项然后划线打钩，而是改变你的思维方式，修正你的价值取舍标准。很多人不喜欢被条条框框的清单所束缚，觉得太死板，但恰恰相反，使用精心设计的清单不仅不会让你变得呆板，反而会给日常生活带来秩序，避免大脑被烦琐的流程和检查项目所占据，从而让我们能够专注于那些高质量的活动，确保自己在做正确的事情。

清单不是一种僵化的教条，而是一个实用的支持体系，使用它会带来最大的灵活性和自律性。

### 常见的几类清单

基于实践经验，大家可以着手列出以下几类清单，培养清单式思维。

**第一类：执行清单**

执行清单，就是列出计划要做的事情，并且标上相应的优先级，确定执行顺序。我的执行清单一般包括"年计划清单""月计划清单""周计划清单"以及"日计划清单"。

**第二类：检查清单**

检查清单主要是罗列出我们需要确认的关键要素。它可以用来在购物之前确认自己需要买的东西，也可以用来在旅游之前确认自己需要准备哪些物品，以免遗漏。

前面也提到过，我们可以为自己的日常性事务准备一个检查清单，确认工作流程中的每一个环节。专业事务，也会有相应的检查清单，比如，因为飞机操作过于复杂，专家编制了一份飞行员检查清单，防止飞行员的疏漏和错误操作。

此外，愿望清单、原则清单、知识清单也都属于检查清单这个类型，你可以基于这些清单重新审视和确认你的愿景、原则以及学习到的知识。

## 第三类：不为清单（Stop Doing List）

华人企业界和投资界的大佬段永平先生在斯坦福大学与华人学生进行了一场深刻的对话，其中最重要的部分，是他对不为清单的分享。

他说："做对的事情，要落实在不做不对的事情上，这就是'不为清单'。不为清单不是技巧，也没有公式，而是一种思维方式，简单来说，就是如果发现错误，就立刻停止。但是，怎么判断对错，要靠自己去积累。知错就改，时间长了之后，效果就会很明显。厉害是攒出来的，很多人不愿意改错，是因为放不下眼前的诱惑，结果一个错误，30年后还在那儿。"

"不为清单"就是你要清楚地知道什么是错误的，然后避免去做。

"不为清单"不是花一天两天就能够全盘托出的，它需要我们持续不断地去思考，总结过去犯错误的经历，舍弃一些已经和这个变化的世界不兼容的成功经验。这是一个积累的过程，而这个"不为"也是一条一条攒出来的。在这个过程中，你需要不断地调整自己已有的认知，你还要敢于推翻自己过去成功的经验，甚至要勇于承认自己过去错误的选择。

除了这三类关键清单，大家在生活中也可以留心收集各种清单设计和运用案例，从中借鉴，然后根据自己的需求设计出不同的清单来管理自己的工作和生活。

乔布斯曾说过："自由从何而来？从自信来，而自信则是从自律来！先学会克制自己，用严格的日程表控制生活，最后才能在这种自律中不断磨炼出自信。"

在日常的工作生活中用清单来做自我管理，培养清单式思维，就是为了获得对事情的掌控能力，催生出自信，从而获得自由。而我们与自由的距离，也许只差那薄薄的一张清单而已。

# 03

## 想到了，还要做到

执行力是我们跨越平庸的必经之路

很多时候,我们都喜欢拖延到最后一刻,才匆忙地去做那些早该做完的事情。而那些实现理想的人,未必比你我聪明,也未必比你我勤勉,但他们却往往有着比你我更强的自控力和执行力。

传记作家艾萨克森在他撰写的《列奥纳多·达·芬奇传》一书中,曾提及达·芬奇会在笔记本上列下每天的执行清单。

比如说,1496年的一天,他写下了这样一串话。

今天我要做的事情有:
去米兰和它的郊区采风
画一幅米兰全城图
找一个数学家给我讲讲三角形的知识
找一个水力学家,告诉我怎么修建一条运河

>  研究一下鸟的翅膀，看看它们飞行的奥秘

这一天的任务，包括了绘画、旅行、数学、水利、动物学五个方面，事情繁多且涉猎很广，这不禁让我们感叹达·芬奇旺盛的精力。更令人震撼的是，达·芬奇这一天居然把这五件事情都做完了，并且在第二天计划了新的待办事项。

达·芬奇的强大，不仅仅在于他给自己安排无数困难的任务，更在于他能够迅速在规定的时间里完成任务，并且不降低做事情的质量。

他在笔记本里还写道，为了画好一个圆，他会连续画169个圆；为了调查水流的原理，他会记录下730项观察水流的发现；为了了解人体各个部位的比例，他真的会找来一个朋友，测量他身上每个部位的长度并计算比例。

达·芬奇不仅仅是一个画出《蒙娜丽莎》的顶级艺术家，更让人难以企及的，是他能够将自己全部的想象力转化成执行力。

而我们和达·芬奇的巨大差距之一，就是这种超强的执行力。

**所谓执行力，就是能够把想法计划付诸行动的能力，这在于一个人是否清楚地知道该如何一步一步地做下去。**

一个执行力强的人在行动上往往会经历这样一个过程：

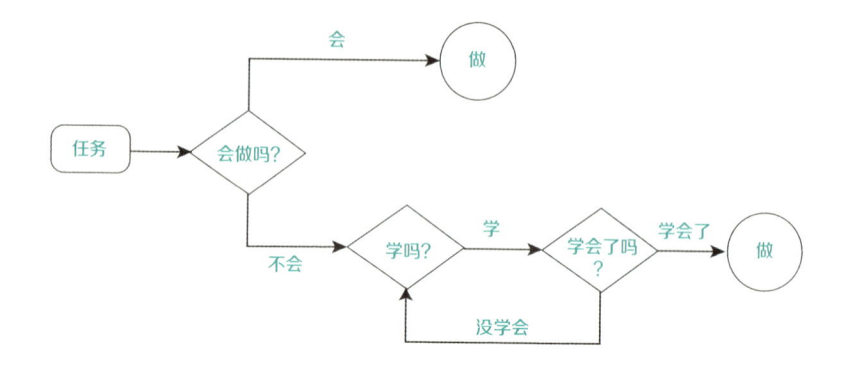

```
任务 → 会做吗? --会--> 做
         --不会--> 学吗? --学--> 学会了吗? --学会了--> 做
                                    --没学会--> (回到 学吗?)
```

在这样一个执行过程中，最终的目标就是去完成一件事情——想到了就去做，如果不会，那就去学。

**想到了，学会了，并且最终做到了，这样一个人才能获得成长，真正地改变自己的生活。**可惜的是，我们大部分人要么喜欢沉浸于看似积极的幻想中，自欺欺人，要么对要做的事情望而生畏，迟迟不愿行动，由此，执行力就渐渐成了我们跨越平庸的一道鸿沟。

有人说，一个人的想法是 0，执行力是 1。从 0 到 1，就是最关键的一步。因为没有这一步，你永远是 0，而一旦走出这一步，你才可能从 1 到 10，从 10 到 100。

## 为什么你没有执行力

优秀的人能够快速行动，解决问题。相比之下，执行力极差却让很多人成了资深的拖延症患者。执行力上的低效能，往往源自我们内心常常面临的多个问题。

## 问题一：选择太多，信息过载

如今的互联网时代，各种信息纷繁复杂，我们所面临的选择太多。因为大脑将主要的精力都用到了对信息的辨识和选择上，所以行动的时间就自然地推迟了。

## 问题二：内心的噪声太多

脑子里被太多念头所填满，内心充满了各种消极的想法，这往往会造成很大的内耗。就像冬天去上班，晚起了半个小时。内心噪声少的人，往往更加积极，发现时间晚了，就会立刻钻出被窝，刷牙洗脸，尽快出门。

而内心噪声多的人，则会有很多消极的自我对话："都怪昨晚熬夜了，结果今天都起不来！""被窝里人舒服了，真的不想起来啊！""真的没睡好，整天会无精打采吧，要不要今天就请个假？"自责、担忧、纠结、焦虑，这些内心噪声引发的负面情绪不断涌向我们，结果就是我们迟迟不愿行动，甚至直接放弃行动，而自己的不作为，接下来又将引发更多的内心噪声，进一步吞噬我们的行动力。

**问题三：完美主义情结**

许多人是显性或隐性的完美主义者——"要么把一件事情做到极致，要么就什么也不做。"

这种完美主义的倾向，容易让人陷入没有止境的准备和设想中，走向执行力高效的反面。其实，完美主义情结的背后，暗藏的是一种恐惧心态。因为害怕失败、害怕挫折，所以只要结果有一点点的偏离，他都可能终止行动，陷入没有止境的准备和设想中。这种看似高要求的完美主义，实则是一种拒绝面对现实的眼高手低。

**问题四：不懂拆解任务**

有时候，任务过于繁重，将变成一种强大的负担，如果我们缺乏拆解的能力，就会陷入一团乱麻的焦虑状态，不知道从何下手。而在已经行动的情况下，我们也容易因为缺少规划，今天干劲十足，明天就偃旗息鼓，最终半途而废。

**问题五：懒惰，爱给自己找借口**

如果说有什么能让我们的潜意识感到兴奋的，那就是无条件的懒惰。懒惰会让我们给拖延找借口，在潜意识中创造一个舒适区。

这时候，你的大脑里往往会有两个声音，一个在拼命地高喊：

"快点行动,不要停下来,赶紧把事情干完!"而另一个声音则来自悠闲的舒适区,更具有吸引力地规劝你:"不要动,那件事情太难了,不如给自己找点乐子,什么都不做的状态就是最好的!"

以上五大问题往往就是我们在日常生活中执行力低下的根源。

当你做了无数计划,下了无数决心,发了无数誓言,却依然深陷于执行力差、喜欢拖延的泥潭,不妨思考一下,自己行动力迟缓到底是什么造成的。而只有直面自己的问题,我们才能对症下药,找到解决之道。

## 用"执行地图"来解决拖延症

了解了执行力差的真正根源后,该如何去提高执行力呢?你可以通过绘制"执行地图"将执行力差的根源逐个击破。在绘制"执行地图"的时候,你可以以行动的视角来思考.

如何才能一步一步实现目标?
在这个过程的每一步会遇到哪些困难?
如果感觉到困难,应如何应对?
执行过程中的核心行动是什么?

下面我们以晨跑为例,详细阐述如何绘制"执行地图"。

## 第一步：拆解执行环节

面对一个想要达成的目标，你需要分析它包含了哪些执行环节，拆解得越细越好。我们可以参考麦肯锡的 MECE 原则，即 Mutually Exclusive Collectively Exhaustive（相互独立，完全穷尽）。"相互独立"意味着环节之间有明确区分，不可重叠；"完全穷尽"则意味着整体是全面、周密的。比如，你想要晨跑，如果只是细分成起床和跑步两个环节，就存在没有完全穷尽的问题，因为起床之后，你得先穿戴整齐，才能真正出门跑步，所以根据 MECE 原则，我们应该把它拆解成起床、准备、出门、跑步四个执行环节。

起床 ▶ 准备 ▶ 出门 ▶ 跑步

## 第二步：细化行动

有了拆分好的执行环节，我们就要针对每个环节细化要采取的行动，并且行动的颗粒度应该以"简明扼要可执行"为原则。

以晨跑为例，它的各个环节可以细分为图中的行动：

| 环节 | 起床 | 准备 | 出门 | 跑步 |
|---|---|---|---|---|
| 行动 | 睁眼 / 起床 | 洗漱 / 换衣服 | 穿鞋 / 下楼 | 跑步 |

其中最后一个行动"跑步",看起来很简单,但是依然有很多细节需要考量:

去哪里跑?
准备跑多远?
准备多久跑完?

只有把行动里的这些细节问题考虑清楚,在执行的时候才不会因为要费力地思考而延迟行动。

如果在执行的时候,还要去思考在哪做、做什么、怎么做,就只能说明你没有在细化行动上下功夫,这势必给执行力造成极大的阻碍。

**高效执行的最好策略,是一看到要做的事情,就可以不假思索地高效执行。**

这就要求我们在画执行地图的时候将行动细化,考虑周详:

任务明不明确,能不能一眼就看明白?
具体到每一个详细的步骤了吗?
执行的时候,是不是可以不加思考地按步骤走下去?

只有把所有这些东西都考虑好了,行动才会成为可执行的行动,而一个好的执行地图,就是一个有效的流程图,下一步该怎么走，我们心里一清二楚。而当你意识到一个目标是由多个细分行动聚合而成的时候，你的内心会轻松很多，因为你要完成的不是大目标本身，而只是小行动。

## 第三步：设置执行意图

纽约大学心理学教授彼得·戈尔维策（Peter Gollwitzer）在1999年提出更好地让人行动的解决方法——执行意图。

执行意图，就是用类似"如果……那么……"的模式来执行你的任务。

在行动的时候，我们可能因为"信息过载""内心噪声太多"以及"完美主义情结"等问题拖延。所以我们可以想象一下，为了实现目标，可能会遇到哪些困难？然后采用执行意图的方法，列出解决方案（越具体越好），以便在困难出现时能从容应对。

比如，如果冬天太冷很难早起，你可以让空调定时开启，以保证房间在你起床时是温暖的；如果早饭不吃就去跑步会感觉到饿，你就在出门前吃一点面包。

针对每一项行动，你都可以列出清单，记录下你面对行动困难的解决之道。

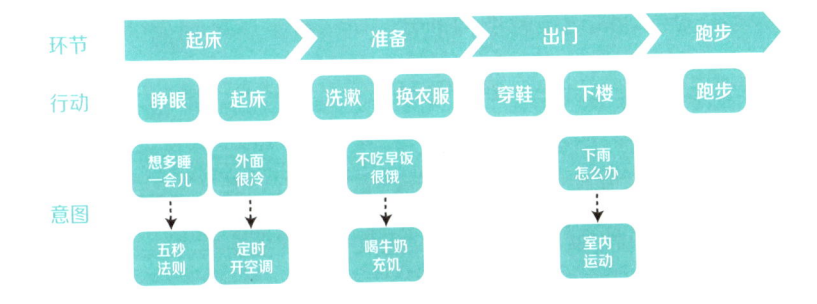

| 环节 | 起床 | 准备 | 出门 | 跑步 |
|---|---|---|---|---|
| 行动 | 睁眼 / 起床 | 洗漱 / 换衣服 | 穿鞋 / 下楼 | 跑步 |
| 意图 | 想多睡一会儿 → 五秒法则；外面很冷 → 定时开空调 | 不吃早饭很饿 → 喝牛奶充饥 | 下雨怎么办 → 室内运动 | |

此外，内心噪声太多会造成内耗，延迟行动，所以我们就要想办法消除那些噪声。完全消除内心噪声是不太可能的，一个更好的方法，是将消极的内心噪声转化成积极的自我对话。

当你担心自己做不好，害怕自己犯错的时候，你可以对自己说："失败了又怎么样，大不了从头开始。""只要自己尽力而为，就没有什么可害怕的。""与其在这里担惊受怕，不如什么都别想，直接去做。"

其实，因为完美主义而迟迟不肯行动，也可以通过这样的对话收获行动的力量。

当你通过积极的自我对话戳破了那层恐惧的面纱，你就会明显地感到内心更加平静，行动力变强，而原来一直不敢面对、不敢去做的事情，也变得能够轻松地开始了。

## 第四步：定位核心行动

在"执行地图"中，每个环环相扣的行动，构成了达成目标的最小路径图。

因为行动经过了合理的细分，所以难度也是你能够承受的。如果你觉得某个行动还是太难了，你可以对这个行动继续细分，直到你感觉自己能够做到。

行动的难度是递增的，但我们的执行意愿并不是随着行动的进行而增加。比如，在你起床、洗漱、换衣服的时候，你并不会有强烈行动的意愿，但当你穿上鞋子的时候，你的意愿会大幅增加，去跑步的可能性就非常大了。所以，"穿鞋"这个行动就是整个晨跑目标的核心行动。

核心行动有以下两个特点：

虽然难度和其他行动差不多，但是一旦执行，成功实现目标的概率就会有很大提升，这非常符合二八定律。

核心行动发生后，它的沉没成本会很高，以至于你更愿意选择继续行动，达成目标。

每一步行动都有撤回的可能性，比如你睁开眼，可能会纠结片刻继续睡；你穿好衣服，也许会赖在沙发上刷手机。但是，如果你已经穿上鞋子，你还可能回去睡觉吗？如果来到了健身房，你还会折返回家吗？

核心行动一旦发生，就会积累势能差，形成强大的滚雪球效应，后面所有行动的发生就只是顺势而为，直到达成目标。

相比起大目标，核心行动的难度会低很多，所以要实现目标，我们不需要关注目标本身，只需要聚焦在核心行动上。

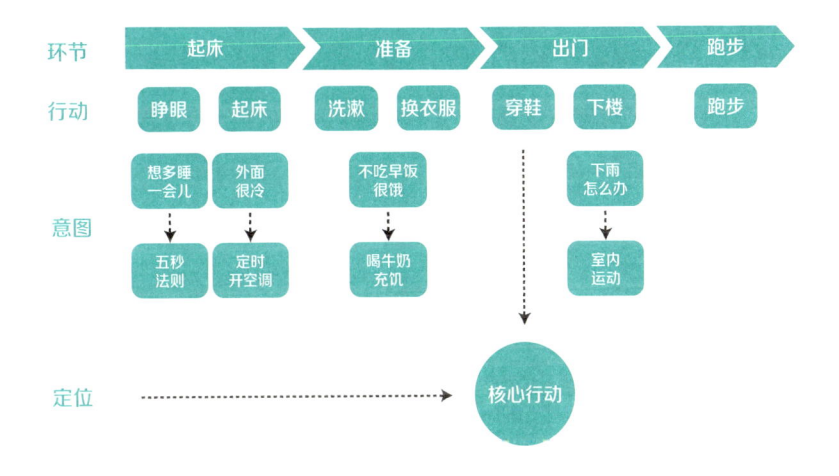

| 环节 | 起床 | 准备 | 出门 | 跑步 |
|---|---|---|---|---|
| 行动 | 睁眼 / 起床 | 洗漱 / 换衣服 | 穿鞋 / 下楼 | 跑步 |
| 意图 | 想多睡一会儿 → 五秒法则；外面很冷 → 定时开空调 | 不吃早饭很饿 → 喝牛奶充饥 | 下雨怎么办 → 室内运动 | |
| 定位 | | | 核心行动 | |

用核心行动来替代预期目标，你就会更轻松更自信。想一想下面三个对比，哪个对你而言更容易实现：

跑步5公里（目标）VS. 穿上跑鞋（核心行动）

阅读半小时（目标）VS. 坐在书桌前（核心行动）

健身 小时（目标）VS. 来到健身房门口（核心行动）

定位好核心行动之后，你还可以为它营造便利。当你想要画画的时候，还要去找画笔和颜料，那么你只会在这些琐碎的事情上耗费掉自己行动的热情。

想要提高执行力，就要给自己营造行动上的便利，让行动所需要的客观条件一应俱全，从而减少行动的阻力。也就是说，在

你确定好细分的行动之后,你还需要想一想:

这项任务需要什么样的环境,什么样的工具?

哪些是我需要提前准备好的,放在哪里可以减少行动阻力?

所以,当你要读书的时候,不妨把书放到显眼的地方,当你准备学习的时候,不妨关闭手机,免受干扰。完成了"执行地图"的绘制,你对于目标和行动就有了全局的把握,从而能够更加从容地完成一个个行动,达成自己的目标。

## 给行动赋予意义

高效执行,长期自律,说起来轻松,做起来却困难重重。

**"执行地图"为我们提供了一个客观化的行动路径,它是提升执行力的有效工具。**但想要更进一层激发自己执行的动力,则需要我们给自己的行动构建意义,并且清楚地了解自己为什么要做这件事情。

当我们发自内心地想要去做一件事情的时候,往往可以毫不费力地行动起来,并且全神贯注地沉浸于所做的事情。这与养成自律时,赋予目标以意义的作用是一样的。

执行力的本质和内核,就是要切中要害,不留死角,解决问题。

如果一个人能够直面自己的问题，明确知道自己是谁、想要什么、应该怎么做，他就会非常坚定，拥有高效的执行力，对生活充满掌控感。

平庸或者卓越，都潜藏于我们日常生活中的行动里，最重要的不是你曾经想到过什么，而是你最后做到了什么。

# 04

## 不在意他人的评价，是一种战略性的自我管理

*如何真正地做自己？*

人在世上，除了吃喝拉撒睡，不外乎做事和为人。做事的时候要严于律己，为人的时候也需要做好自我管理。很多人会不自知地活在别人的世界里，想要得到别人认可的欲望驱使着我们特别在意别人的评价，总是想要迎合别人的想法，满足别人的期待，却常常忽略自己内心的真实感受。

过分在意别人的评价，就像把自己置身于一艘没有船舵的船，摇摆不定，随波逐流，永远也到达不了自己想去的地方。你会因为别人的一句批评而失落一整天，也会因为别人的一句赞赏而高兴一整天，心情就像飞驰的过山车，随着外界的评价此起彼伏。

可是越在意别人的评价，越想通过别人来认可自己，你的内心就越容易失序、越无法做好自我管理，也就越可能陷入生活的黑洞。

## 你还是 5 万年前的原始人吗

在意他人的评价，就像很多本能反应一样，经过了漫长的进化深刻地烙印在我们的基因里。如果回溯到公元前 5 万年以前，那时候处于采集狩猎时代的人类群居于部落——生活环境充满了危险和不确定性，人们必须聚集在一起，相互帮助、相互照应。

那时，被部落里的其他人接纳是一件关乎生死的大事。因为对于一个人来说，如果他被周围人评价为无用无趣的怪人，就意味着他可能不被接纳，甚至会被赶出部落。而在那个凶险的时代，一个人要独自生存下来非常困难。

随着人类的发展演化，我们渐渐生出一种在意别人评价、想要得到别人认可的欲望，而这种欲望的根源就是想要获得一种能够生存下去的安全感。

经过了最近 1 万年的历史变迁，人类社会文化发生了巨变，但人类心理的进化远远赶不上生活变得越来越复杂的脚步。来自 5 万年前的那种在意别人评价、想要得到别人认可的欲望，在当下的新时代已经不再成为生存下来的必需，反而成了一种难以摆脱的人生困扰。

过去，你只要迎合位高权重的部落酋长并选择从众，就有更大的概率活下来。可现在，只懂得盲目从众、随波逐流，你失去的往往比得到的更多。太多人现在依然带着 5 万年前的那个"在意别人评价的人格"生活着，而这种人格所折射出来的不安和恐惧，影响着我们生活的方方面面，比如，你会选择放弃内心真正喜欢的东西，而去追逐别人眼里的成功。

你的每一个选择和行动都被别人左右，你被周围的各种矛盾和冲突所裹挟，很难了解自己的真正诉求。

## 不在意别人的评价，是一种个人战略

只有当你开始重视自己的想法，真实地面对自己的感受，你才能够管理好内心的秩序，摆脱那个"在意别人评价的人格"。如此，我们才会去倾听内心的声音，去做正确的事，成为想成为的人。所谓做正确的事，就是不管别人如何评价，我们都只按照自己的原则和方法去把要做的事情做好。

在这个过程中，别人怎么看你，怎么评论你，那是他们的自由，对你而言并不重要。你的内心是充满勇气和担当的，你很明确自己要做什么，要怎么做，更重要的是，你拥有了自我管理的战略性习惯。

一方面，你不再把精力浪费在揣测别人、迎合别人、想要得到别人认可上，而是专心致志地做好眼下的事情，把关注的焦点从别人那里转移到自己身上。另一方面，因为内心有笃定的原则，所以你变得极度透明、极度简单，你会逐渐生出一种特别的气质和气场——坦然淡定，让人有安全感。

想要做到不在意他人的评价，可以参考以下建议：

**明确自己的价值观和原则**

大部分非常在意别人评价的人,都喜欢把目光投向外界,外界的评价似乎成了他们确认自我的一种方式。

从外界获得了正面评价,你容易自负,获得了负面评价,你容易自卑,这样的人总是活得格外敏感而又小心翼翼。

真正地认可自己,是明确人生的价值观和原则,也明白自己到底要的是什么。当我们按照价值观和原则去做一件事情,就会把对外界的评判和揣测都放下,保持正念去行动,不需要刻意去迎合别人,丢失自我。

**真诚地表达自己**

很多时候,我们羞于向别人表达真实的自己,害怕不被接纳。当我们愿意真诚地表达自己的时候,我们就跟内心的自己和解了。这时候,过去在你眼里的尴尬困境,反而会被内心真实的力量所化解。当我更愿意表达自己真实的想法,态度真诚并且笃定的时候,别人就会欣赏我。

任何评价,本质上都是对他人和自我的一种限制。人生是不断发展变化的,每个人都可以拥有强大的内心,不被外界评价所影响,然后以自由的状态,去拥抱人生路上的无限可能。

**选择真正地做自己**

随大流、讨好别人是最省力最安全的，你不需要付出努力成就独特的自己，也不需要面对舆论的压力和失败的风险。当你开始不那么在意别人的评价的时候，就不仅仅是做好了自我管理，更重要的是你已经开始选择了做你自己。

做自己，并不容易。我们往往会受到环境、文化、职业身份的影响，顶着别人眼里的一个角色活着，却很少为自己而活。

是否拥有与众不同的东西，是否有自己独特的喜好，是否拥有与他人不同的生活态度，是否选择一条别人都不会走的路，这些都不是做自己的内核。真正重要的，是你很清楚自己为什么会做出这样的选择，这种价值取舍背后的"为什么"才是做自己的真正核心。

如果你还不清楚自己在做某事的时候是不是真正地做自己，就请直接问自己：

我为什么要这样做？

我为什么要这样选择？

如果你没有明晰的答案，要么你只是在随大流，盲目从众，要么就是想得还不够清楚，需要更多的思考。

真正做自己，需要一套自洽的价值观体系做后盾，它不是你随心所欲地想怎样就怎样，而是在清晰地认识自己和这个世界之后，还能够勇敢地向生活展示自己独立的内心取舍。一旦开始真正做自己，你就会收获内心的和谐有序，也就是让我们内心想要的和真实拥有的相一致，没有冲突。

试想，一个喜欢自由冒险的人，你非得让他去一个稳定安逸的体制内单位，那么他肯定很不快乐，难以在事业上做出成绩。

很小的时候，我们就开始向外学习，模仿父母的言行举止，学习别人的为人处世，我们其实一直都在通过模仿别人来认知这个陌生又复杂的世界，可是对于如何做自己，我们却知之甚少。

我们的一生，不但要走完向外认知世界的路，更要走完向内认识自己的路。

而关于如何真正地做自己，我们可以关注以下几个方面。

**自我探索**

想要认识自己，就需要在建立对这个世界的认知的同时，主动地对自我进行探索。

在移动互联网时代，苹果公司另辟蹊径地制造出了引导潮流的iPhone智能手机，改变了整个世界的通信方式。

在激烈的竞争中，它没有迎合市场的需求，而是探索品牌特点，结合对市场的洞察进行创新，最终获得领先地位。

事实上，做自己的关键，并不是盲目地坚持自己的性格、立场，而是通过探索自我找到自身的优势，修正人性的弱点，通过发挥自身优势来实现自我价值，同时又让这种优势惠及他人，创造更大的价值。

关于如何进行自我探索，请参考本书第一章第二节和第三节的内容。

**自我负责**

有些人认为，做自己就是任性而为，不理会外界的声音，完全陶醉在自己的世界里，这其实只是一种自私的行为，是狭隘意义上的做自己。

比如，当你和父母发生争执时，你往往会固执己见，跟父母冷战，大家互不相让。这种赌气般地做自己，并不是一种负责任的表现，这只会让彼此的关系恶化，解决不了任何问题。如果能够对自己负 100% 的责任，我们就能够在选择做自己的同时，理性地跟别人交流。所以，当你跟父母有冲突的时候，你依然可以选择做自己，但同时也不必和他们冷战，而是在彼此都冷静的时候，继续表达出自己的意愿和坚持，同时尊重他们有不一样的意见和感受。

做自己，并不是不顾及他人，而是知道自己什么要做，什么不要做，在为自己负责的前提下，坚持自己的感受和需求，不被他人所裹挟。

**自我接纳**

很多时候，我们的问题不在于别人怎么看，而在于我们自己怎么看。

9岁主演电影《这个杀手不太冷》，18岁以全A成绩被哈佛大学录取的"学霸"奥斯卡影后娜塔莉·波特曼，2015年回母校做了一场毕业演讲。演讲中，她提到了自己刚进哈佛的时候，演员身份让她觉得自己在众多优秀的人面前低人一等，害怕别人以为她是靠名声才进的哈佛。

在这种自我怀疑中，她选择修习神经生物学和高等现代希伯来文学来证明自己，因为它们听起来非常严肃，结果她这两科都挂掉了。后来她才发现，为了严肃而严肃，这本身就是一种虚荣，是为了迎合别人的期望而采取的一种姿态。经过四年与自己的和解，她接纳了自己的不自信和无经验，也接纳了自己演员的身份和对电影的热情。

她对哈佛毕业生们说，其实，这个世界有着各种各样的道路，有时你的不自信和无经验会导致你去接受别人的期待、标准或价值，但你要知道，无经验可以造就你们自己的路，一条没有"事情本该怎样做"之负担的路，一条由你自己来定义的路。

不要期待谁都能理解你，如果每个人都理解你，你得普通成什么样子？所以，做自己，不过分在意他人的评价，这是一个人心智成熟、能够做好自我管理的标志。

# 05

## 要感知情绪，而非控制情绪

爬虫脑、情绪脑、理性脑

我们每天都会感受到各种情绪，有时候情绪会让我们感觉舒服，发挥积极的作用，有时候情绪会给我们造成困扰，产生消极的想法。可是大部分人虽然能够感知情绪，却常常无法对其进行辨别，总是容易被情绪所控制，言语粗暴，思考僵化，行动莽撞，与这个世界发生冲突。

既然情绪影响着我们生活的方方面面，那么情绪到底是如何产生的？它对我们的价值到底在哪里？我们又该如何管理情绪呢？

## 情绪的根源探索

在进化的过程中，对大脑的投资最终让人类从生物界中脱颖而出，成为世界的主宰，所以大脑的进化对于人类的生存和繁衍至关重要。根据最近几十年脑科学的研究，人类的大脑可以分为三个部分——爬虫脑、情绪脑和理性脑。

## 爬虫脑

爬虫脑位于大脑的最底层，这一层的大脑在爬行动物时代就已经发展好了，在距今2～3亿年前已经演化形成了。爬虫脑的主要作用是维持人体的基本生存功能，包括控制生命的功能、身体的生长过程，以及器官的新陈代谢等，它也让我们能够对周围环境的刺激做出本能反应，所以我们也可以叫它"本能脑"。

很多爬行动物，比如蜥蜴、鳄鱼，它们只有爬虫脑，没有情绪脑和理性脑。所以，它们对于外界刺激只有简单的应激反应——如果受到其他动物的侵扰，打得过就攻击，打不过就逃跑。

我们大部分的本能反应都受到了爬虫脑的控制和支配，比如呼吸、条件反射等。

**情绪脑**

第二层大脑是情绪脑。这一层大脑存在于高等动物和人类的大脑中，在哺乳动物时代就发展出来了。情绪脑的主要作用是表达情感，形成记忆。它和本能脑相连接，产生各种情绪和生理反应，让我们可以根据外界反馈获得不同感受。

外界信息刺激大脑的时候，大脑皮层、下丘脑以及边缘系统中的杏仁核和海马体相互作用，会将其翻译成特别的感觉信号，传达到我们的意识中。

情绪会带来生理上的反应，比如心跳加快、胃部收缩、某些化学物质被释放到循环系统中。由于在生理上获得了足够的刺激，我们会本能地做出预先设定好的行为。

其中，杏仁核是情绪脑中最大的情感反射中心，它专门负责产生与我们生存相关的各种情绪，比如恐惧、喜悦、悲伤、厌恶、愤怒等，而这些情绪也会与记忆相联系，形成固定的心智反应模式。

当看到路中央有点像蛇的麻绳，你心里会不由自主地哆嗦一下；当走进陌生的会场，你会不自觉地感受到紧张；当面对别人的指责，你会心生愤怒，怒目而视，甚至拳头也握得紧紧的。

情绪脑产生的各种情绪，虽然现在会时常困扰我们，但是站在远古时期人类演化的视角就会发现，这些情绪其实有利于人类的生存与繁衍。

经过长期的生物演化，高等动物和人类都发展出了情绪这种本能。通过情绪来连接感觉和行为，可以确保我们更好地适应环境。相比没有情绪的生物来说，我们能够更加灵活地辨识出当前状况的好坏，然后立即做出正确的选择和行动。

比如，面对凶猛野兽，人类会产生恐惧情绪，这时候肾上腺素激增，生理状况调整到了逃跑或者对抗的状态，从而提高了生存概率；反之，如果没有情绪的变化，身体没有做好相应的逃生准备，则很容易被野兽吃掉。

情绪其实并没有好坏之分，它是经过长期进化，刻在我们DNA里的价值取向度量器，让我们可以趋利避害，更好地处理行为与周围信息的关系。情绪的这种无意识评估会早于有意识系统，让我们不需要通过认知系统就迅速做出相关联的价值判断，也就是说，当情绪来了的时候，我们会不过脑子就做出选择，然后触发行动。

但是，随着环境的变化，很多过去对我们生存有利的情绪已经不再发挥积极的作用，反而给我们带来无尽的困扰。

过去人类面对一群凶猛动物的时候，会有紧张恐惧的情绪，这种情绪反应模式经过日积月累，已经渗入我们的潜意识，而当类似场景重现时，旧时的记忆被勾起，我们就会重新体验到紧张恐惧的情绪。

比如，当你在演讲台上做演讲时，面对观众会不自觉地感到紧张，但这种紧张情绪不会让我们更好地演讲，反而会把事情搞砸。此时，情绪不再是生存的必需，反而成了一种扰乱我们生活、妨碍我们行动的阻力。所以，我们需要通过有意识地觉察、识别和管理情绪，来改变自己习惯性的心智模式，进而掌控自己的生活。而这涉及我们的第三层大脑——理性脑。

**理性脑**

只有人类发展出了这个独一无二的理性脑，也就是我们所说的大脑新皮层。

理性脑能够对世界做出客观理智的判断，能够通过客观分析和推理来识别当前真实的状况。相对于毫不费力地做出即时反应的情绪脑，理性脑则需要人类花费时间和精力去思考、去琢磨、去分析，在对人、事、物有了一个全面而客观的认识之后，再做出反应。因此，理性脑能够让我们做出正确判断，纠正错误行为，改变自身习惯，并最终有机会摆脱无用情绪的困扰，回归内在的宁静。

尽管理性脑可以有效管理情绪、改变生活，但是爬虫脑和情绪脑是经过了上千万年的演化而来，它们的力量比起很晚才出现的理性脑，强大了太多。

所以，我们的理性是很难直接与本能和自发的情绪对抗的。

举个例子，现在很多旅游景点都会有玻璃栈道，就是那种在山巅处的栈道，用很宽的玻璃做的，人站在上面可以看到万丈深渊，有种空中漫步的感觉。其实，从理性角度看，我们都知道自己是安全的，这种玻璃栈道的支撑力比一般的钢板还强，用锤子都砸不碎。但是，我们本能的恐惧却会让很多人迈不开步子。

这说明，我们的理智在情感面前是完全没有招架之力的。事实上，恐惧是一切负面情绪的源头。比如，嫉妒的背后是恐惧，因为你害怕自己落后于他人；贪婪的背后是恐惧，因为你恐惧匮乏。恐惧从进化的角度来看是一种生存手段，让我们在面对危险的时候及时止步，保护自己。但是如果情绪被用在了不恰当的地方，我们的生活就会出现问题。

更多时候，我们习惯性的情绪反应会控制我们，让我们不加思考地行动，产生不好的后果。有的人被自己的愤怒所控制，结果酿成恶果；有的人被自己的嫉妒心所裹挟，结果生活郁闷。一旦受困于情绪，那么以往我们懂得的道理、优化的认知、构建的理智，都将变得毫无招架之力。

如果大脑是一驾马车，理性脑就是马车夫，而拉车的两匹马，一匹是爬虫脑，一匹是情绪脑。

爬虫脑和情绪脑这两匹马的力量明显比代表理性脑的马车夫的力量大，如果这两匹马不听话，马车夫就半点法子都没有，就算马车夫强行拉住两匹马，双方也会因此筋疲力尽。

如果两匹马和马车夫想要走的是同一条路，马车夫就轻松了，他只要抓住缰绳，做些小小的微调，就可以轻松地走在对的路上。所以，每当马车夫想要走某条路的时候，他得先哄哄这两匹马，然后引导它们往正确的路上走。

我们没有必要把理性和情绪、本能对立起来，而是要让理性介入到大脑的习惯反馈回路中，与情绪、本能和谐共处，通力合作，引导我们的人生往更好的方向发展。

如果情绪本能与理性的目标一致，我们对生活就更有掌控感。了解了情绪产生的根源和机制，我们就能更好地与情绪和谐共处，获得清明的心境。

## 心境的理性重塑

了解了情绪产生的根源和机制，我们该如何管理我们的情绪呢？

根据量子力学，所有事物的底层本质都是能量，而能量是有频率的。

情绪也是一种能量，所有情绪都有着不同的振动频率，也会形成因人而异的磁场。人以群分，物以类聚，相同频率的东西之间会同频共振，相互吸引。根据美国大卫·霍金斯（David Hawkins）博士的研究，那些负面情绪的振动频率都很低，比如，悲伤、恐惧的频率都是 100 以下，而那些内心充满爱的感觉，平和、宽容、喜悦、淡定等情绪都有比较高的振动频率。

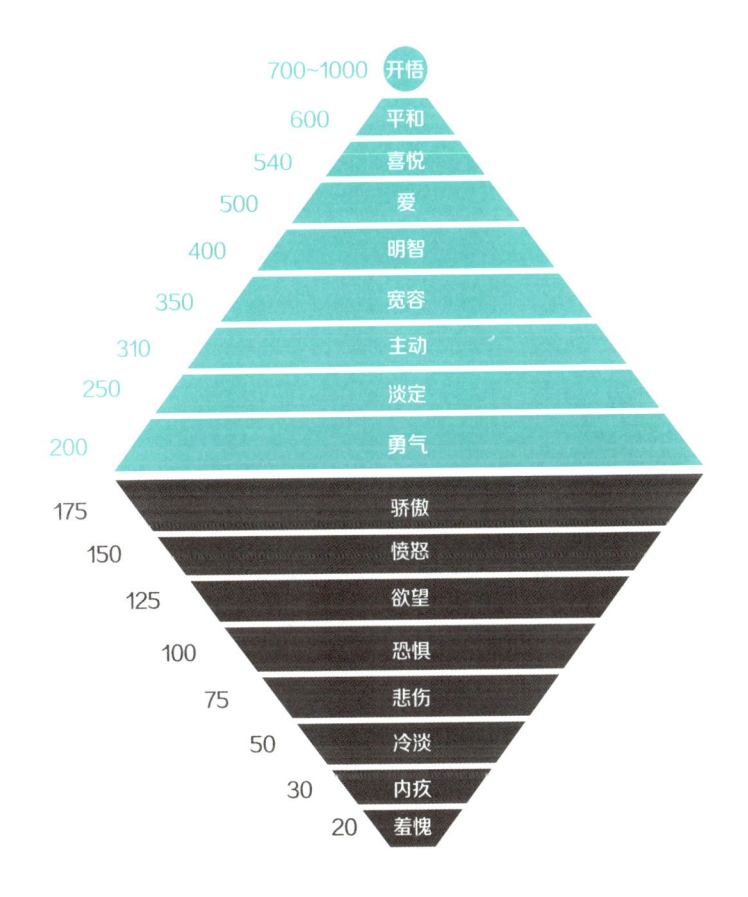

```
700~1000  开悟
    600   平和
    540   喜悦
    500   爱
    400   明智
    350   宽容
    310   主动
    250   淡定
    200   勇气
    175   骄傲
    150   愤怒
    125   欲望
    100   恐惧
     75   悲伤
     50   冷淡
     30   内疚
     20   羞愧
```

当我们拥有比较正向的情绪状态的时候，我们的能量就较强，较高的振动频率也会吸引更高频率的好事情的发生。如果陷入沮丧、焦虑、憎恨的情绪状态，我们就应该及时调频，让自己上升到更高阶的能量状态中。

### 第一步：觉察情绪

情绪调频的第一步，就是在情绪爆发之前觉察到它。这一步至关重要，只要你做到了，就已经在这场没有硝烟的战争中赢了一半。

要觉察到情绪，就需要锻炼我们的觉察力——察觉到自己内在细微感受变化的能力。

如果你有足够的觉察力，你就能够及时感知自己的情绪，进而为情绪调频做好准备。

想拥有敏锐的觉察力，最简单的方法就是冥想。

冥想很多时候和宗教修行相关，但我们这里说的冥想是一种简单有效的训练大脑的方法，它其实有非常严谨的科学依据。实验证明，冥想可以用来锻炼我们的大脑，让大脑的灰质层增厚，让人变聪明，同时冥想也是锻炼自身专注力的一个有效方法，因为它可以激活元认知，让你反复使用它去调整你的注意力。

元认知能力和我们的肌肉一样，锻炼多了就会变得健壮。它是一种以旁观者视角审视自身的能力，能够增强觉察力。

那么，该如何进行冥想？其实非常简单，你只需要参照下面的步骤进行练习就好：

找一个安静的环境，给自己设定一个时间段，比如在手机上定时15分钟；

盘腿坐在地上、床上或者任何你可以坐稳的地方；

挺直腰背，闭眼，缓慢均匀地呼吸，比如2秒吸气，2秒呼气；

把注意力集中在自己的呼吸上。在这个过程中，我们会思绪万千，很容易走神，这非常正常，因为我们大部分时候都很难长时间地专注。所以当你发现自己走神了，你就调用元认知把注意力拉回到自己的呼吸上。

当第一次坐下来冥想的时候，你会有一种很新奇的体验，你发现自己竟然可以"看到"大脑里的各种想法，它们就像沸腾的水泡，一个个浮上水面，来去无踪。

刚开始冥想时你可能连1分钟都坚持不了，总是会被自己的思绪带到九霄云外。但是，随着不断练习，不断调用元认知能力，胡思乱想会越来越少，你的内心开始安静下来，内生的觉察力就渐渐提高了。而关于冥想的各种形式，大家并不需要太在意，选择最简单的来练习即可，关键是我们能够借由冥想来获得掌控生活的内在力量。

**第二步：识别情绪**

情绪调频的第二步是识别情绪，也就是说你能够通过语言来表达出自己的情绪感受。

有很多人在觉察到了情绪之后，无法表达出自己的真实感受。比如，在受到别人指责的时候，有的人会说："我的第一反应是羞愧……紧接着的第二反应是愤怒，因为指责的理由我并不认同！"而有些人则会说："各种情绪涌上心头，也许是恐惧，也许是愤怒，我只是感到非常糟糕，我很不开心。"

前一种人是高情绪识别者，他们能够用具体的词汇来标记和表达自己的感受。语言表达就是让我们的理性脑介入进来，发掘真正的问题，从而理性地应对；而后一种人则是低情绪识别者，他们并不能准确地知道自己感受到了什么，总是用笼统的词汇来表达，比如，开心或者不开心。

低情绪识别者在每次感觉不好的时候，都会产生负面的身心反应，消耗自己的能量，进而形成一种重复的内耗，因为你始终不知道，自己遇到的问题是什么，该如何解决。

而高情绪识别者则会有意识地找到自己情绪的落脚点，然后明确自己到底经历了什么事实，从而选择后续的反应模式。

只有真正识别出自己的情绪，知道自己经历了什么，我们才能够正面处理好可能出现的生理、行为反应，真正地进行情绪管理。

我们可以通过两个维度来识别情绪：

唤起程度：这种情绪是让你"有感觉"还是"没感觉"，比如，愤怒相比抑郁，就是一种唤起程度高的情绪；

愉悦程度：即面对刺激时产生的情绪是愉悦的，还是不愉悦的。

根据这两个维度，我们可以在下图的坐标轴中找到一些基本情绪所处的位置。

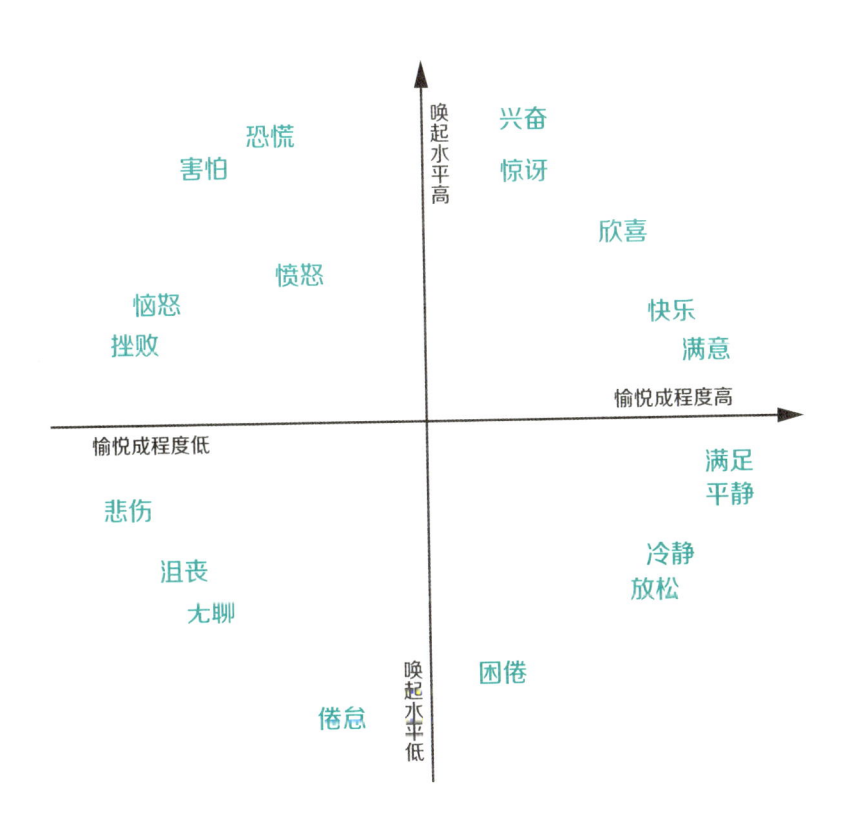

```
                    ↑ 唤起水平高
         恐慌            兴奋
       害怕              惊讶
                              欣喜
              愤怒
                              快乐
       恼怒                    满意
       挫败
                                    愉悦成程度高
────────────────────────────────────→
 愉悦成程度低│                 满足
                              平静
         悲伤
                            冷静
         沮丧                放松
           无聊
                        困倦
                    ↓ 唤起水平低
              倦怠
```

定位情绪所在的区间，就可以识别出各种情绪之间的差异，进而在觉察情绪之后，正确地表达自己的感受，为后续的情绪管理做好准备。

### 第三步：管理情绪

在觉察、识别情绪之后，我们就要去管理情绪。

管理好情绪，是为了纠正我们面对情绪的应激反应模式，从而更好地掌控自己的生活。

当情绪来临的时候，我们会感觉到身体的不适，比如，胃部紧缩，胸口烦闷，这时候我们可以采取措施释放情绪，比如和自己对话。

你可以根据以下的步骤，来进行一场自我对话：

通过"识别情绪"这个步骤来确认自己的感觉，描述该情绪到底是一种什么样的感受。

问自己：我能不能把这个感觉放下？能，或者不能，都是可以接受的答案，根据你的真实感受来回答即可，不管答案是什么，都接着进行下一个步骤。

继续问自己：我愿不愿意放下这个感觉？可以回答愿意，也可以回答不愿意，只要根据你真实的感受来回答就可以。

继续问自己：什么时候放下呢？现在可以放下吗？你可以做出任何回答，你既可以说现在，也可以说未来，或者干脆不说话。

做一次深呼吸，然后感受自己的情绪，看看那个情绪感觉是否还在，如果还在，你可以重复这一套步骤，直到你感觉舒服。

重复几次这样的自我对话之后，我们就能够释放情绪，把自己调整到较为平静的状态，从而更好地应对生活。

**第四步：重构心智**

在释放情绪之后，我们还需要对情绪进行反思，思考情绪的根源在哪里。很多时候，如果我们反复地受到同一种情绪的困扰，这就预示着，这种情绪背后存在着某种习惯性的心智模式或者内在信念。

心理学中有一个著名的"ABC 模型"。A 是当前发生的事件，B 是我们对该事情的认知和评价以及由此产生的信念，C 则是事情引发的情绪和行为结果。事件 A 只是结果 C 的间接原因，而真正的原因其实是信念 B。

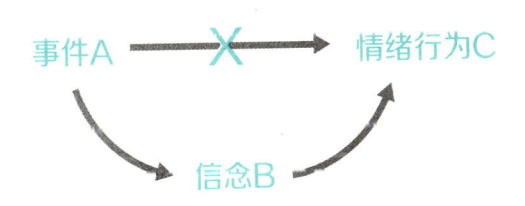

先听一个故事。一场大雨过后，屋檐墙角的蜘蛛网变得破败不堪，掉落下来的蜘蛛想要爬上去重新织网。由于被雨水冲刷的墙面很滑，那只倒霉的蜘蛛每次努力地爬了一小段，就会滑下来，所以只能重新往上爬。它一次次地往上爬，却又一次次地掉下来……第一个看到的人说："这只蜘蛛真有毅力啊，这种坚持不懈的精神让人感动！"于是，他学会了持之以恒，变得坚毅。第二个看到的人说："它真是太蠢了，这条道行不通，可以沿着窗户边干燥的墙面往上爬嘛，这么一根筋认死理，结果费了好大劲却依然没成效！"于是，他学会了变通，变得灵活。第三个看到的人说："这只蜘蛛真可怜，和我一样总是做不好事情，再怎么努力也改变不了什么！"于是，他什么都没有学到，反而变得更加悲观，最终意志消沉，碌碌无为。

面对同一个事实，我们因为自身不同的视角，产生了不一样的解读，随之也就有了不一样的情绪和行为。

叔本华曾说："影响人的不是事物本身，而是他们对于事物的看法。"而这些所谓的看法或是解读，其实都来源于我们的信念。

当我们被不合理的信念所控制的时候，就容易产生不好的情绪，进而做出不恰当的选择和行动。

依据 ABC 情绪理论，我们会有以下三种基本的不合理信念：

### 1. 凡事绝对化

这个信念让我们走向极端，要求所有的事情都按照自己期望的方向发展。可是这个世界的人和事，是我们没办法控制的。绝对化的信念会让我们承受压力，引发不良情绪。

### 2. 以偏概全

只用一件事情或者片面的观点来判断当前的事实，比如，因为某一次的失败就认为自己一无是处，因为别人一个无意间的小举动而产生芥蒂。这样的信念，很容易引发自我否定的自卑情绪，导致一事无成。

### 3. 糟糕化结果

悲观的人，认为一旦某件事情发生了，就会糟糕至极。拥有这样信念的人，会刻意将负面影响无限放大，总是战战兢兢，陷入悲观的情绪中。

我们要改变的不是情绪，而是引发情绪的底层信念。

情绪，是信念的指示器。对情绪的觉察，让我们有机会重新审视内心，对不合理的信念来一次大清理。

觉察情绪 → 识别情绪 → 管理情绪 → 改变心智

在整个情绪调频的过程中，我们的情绪脑会给我们传达情绪，理性脑会觉察和识别情绪，然后根据现实状况，对后续的思考、语言和行动做出调整。当你慢慢建立和深化这种觉察、识别和管理情绪的心智模式后，情绪脑的价值判断体系就土崩瓦解了。我们以后遇到类似场景，就可以及时跳脱出来，做出更加合理的反应。

另外，在日常生活中，你还可以多做以下事情来调整自己的心境，清空杂念：

听一听美好的音乐；
多做几次腹式呼吸；
感恩生活中的点滴。

相较于认知的提升，心境的调频更加重要，因为我们的身心状态会直接影响我们的认知，成为改变自己很重要的一股力量。

如果把一个人想象成一部手机，你的心境就是这部手机的操作系统。内心不安、杂念丛生，就像手机的操作系统垃圾太多，内存不够，里面安装的各种应用自然无法顺畅运行。

即使你学到的知识、技能再多再厉害，如果内心装的东西太多，也无济于事。只有心灵宁静、安稳，人才能够洞察万物之规律，这时考虑问题才能周详，处理事情才能完善。而内心平静，思想清晰，智慧也必有所增长。

## 重构瞬间

▶ 自律来自内在的"Be-Do-Have"心智模式,你可以从开始早起、培养微习惯和建立内在驱动力等方面来加强自我控制能力。

▶ 培养清单式思维方式,能够让你获得对事情的掌控力。

▶ 关键清单类型:执行清单、检查清单、不为清单。

▶ 执行力差的五类根源:信息过载、噪声太多、完美主义、不懂拆解任务、懒惰自弃。

▶ 通过绘制"执行地图"来提高个人的执行力:拆解环节 → 细化行动 → 设置意图 → 定位核心行动

▶ 不在意他人评价,就要懂得明确原则和真诚表达,而真正地做自己,就要学习自我探索、自我负责和自我接纳。

▶ 心境调频:觉察情绪,识别情绪,管理情绪,改变心智。

# 第四章
## 自我赋能

面对未来的不确定性，如何才能不被时代抛弃

洞察未来趋势，发掘自身潜力，构建一种反脆弱的自我赋能模式，如此，你才能打造个人的核心竞争力，在这个世界占据一席之地。

# 01

## 热情，只是精通的副产品

只有把一件事越做越好，
人才会越来越有热情

### 乔布斯的"热情思维"靠谱吗?

越来越多的人把当下的工作看作眼前的苟且,而将创业、斜杠和自由职业当作所谓的诗和远方。

根据易观智库 2014 年发表的《中国 90 后青年调查报告》,在选择工作时,自我兴趣这一项因素所占的比重是 21%,而"80 后"则仅有 12%。"朝九晚五"一成不变的生活,以及工作上的种种约束和艰辛让人感觉厌倦乏味,大家都希望能够转变工作生活的方向,追随自己真正的热情,似乎这是枯燥人生的一个出口。

喜不喜欢成了职业选择的标准,而追随兴趣和热情,渐渐成了对自由的一种标榜。

连苹果公司创始人史蒂夫·乔布斯也在斯坦福大学的毕业演讲上呼吁年轻人:"你需要找到你所爱的东西……成就大事的唯一

方法就是热爱自己所做的事。如果你还没有找到,那么继续找,不要停下来。"很多人心里开始有了一种"热情思维"——想要获得事业上的成就,就必须搞清楚自己的热情所在,年轻人只该去做自己心之所向的工作。

这种"热情思维"深入人心,似乎每个人的天赋和热情才是事业成败的关键。它倡导的是,如果你不知道自己的热情所在,那你最好先给自己的生活按一下暂停键,因为发现热情才是当务之急。

其实,如果你仔细探究过乔布斯的事业发展路径就会发现,这位特立独行的产品大师,在事业上能获得如此高的成就,靠的并不是兴趣和热情。

乔布斯年轻的时候,就读于美国俄勒冈州的里德学院。上学期间,他留长发,光脚丫,一派文艺青年的作风。那时候,他感兴趣的不是电子高科技,而是西方历史和舞蹈,以及东方的神秘主义。他最初是在旧金山的一家乡村公社上夜班,随后还去印度度过了一场心灵修行之旅。从印度回来后,他又去了一家禅修中心继续修行。

之后,乔布斯的朋友沃兹尼亚克开了一家计算机服务公司,找他来处理商业上的事务,不过后来因为要去大同农场继续禅修,他最终选择离开。

那个时候,乔布斯的兴趣和热情是追求心灵上的启迪,而不是普罗大众所以为的科技和创业,但此时距离乔布斯创立苹果公司只有不到一年。而就在这一年的晚些时候,乔布斯迎来了人生转机,他注意到套装电脑非常流行,所以在业余时间和朋友沃兹尼亚克设计并销售套装电脑的电路板,随后机缘巧合就创立了苹果公司。

如果年轻的乔布斯依照"热情思维"去寻找自己热爱的工作,那么我们今天看到的就不会是一个因为改变世界而获得极高赞誉的企业家,而是一个在禅修中心广受欢迎的修行老师。

事实上,我们大部分的热情都源于艺术和爱好,但它们却和事业无关。在北美和英国的调查中,只有不到4%的大学生声称自己对某种职业具有热情。就像有的人说自己喜欢画画,对艺术创作充满热情,可如果真的让他专职从事绘画设计的工作,他也许很快就会厌倦。

对一个兴趣爱好充满热情特别容易,但想要通过追求热情来成就一番理想和事业,却往往会事与愿违,最后反而失去热情。尽管热情能给你带来一时的冲劲,但却无法保证你持续的投入。这个世界并不存在一份事业,仅凭热情就可以经营得风生水起。

根据耶鲁大学组织行为学教授艾米·瑞斯奈斯基的研究,在事业上最快乐、最有热情的人不是那些将热情转化为工作的人,而是那些做得足够久又擅长于所做事情的人。

对事业的热情并不是早已存在待你发掘,而是需要时间的沉淀和后天的培养。

那些在自己行业里游刃有余独当一面的人,并不是因为天生就对这份工作有热情，他们的热情往往来自他们长年累月的经验积累和能力提升。

一旦你能胜任一份工作，你就能够持续获得正反馈，自然就会心生热情，做更多创造性的尝试，不仅仅成就自己，也给别人带来有意义的影响。所以一份真正能让人充满成就感的事业，往往具有以下几个特质：

自主力：自主决定工作内容和时间；

创造力：积极发挥经验和技能；

影响力：对周围的人产生影响。

正是这些特质让我们有了在事业上不懈追求的渴望和热情，而这些特质稀缺又宝贵，并不是每个人都能轻而易举地得到。

根据经济学原理，要获得这些特质，你必须要有同等分量的资本来交换。扪心自问，你拥有什么稀缺又宝贵的资本来换取理想和事业上的自主力、创造力和影响力呢？很明显，你不能只靠自己的热情来做交换，兴趣和热情满大街都是，这样的交换根本没有持续性。

如果你想成为一个受欢迎的作家，你就要拥有对世界的洞察力、思考力和想象力，具备高效表达的写作技巧。

如果你想成为一个优秀的产品经理，你就需要了解行业的生态和用户的心理，深刻理解市场的动态变化和本质需求。

如果你想开一家创意咖啡馆，你就应该攒有足够的资金来支付一年的房租和经营支出，更应该具备系统的创意知识和审美意识。

不同的理想和事业，需要我们拥有不一样的资本和技能去追求。仅靠廉价的热情，失去的不仅仅是梦想，还有面包。

### 热情是精通的副产品

很多人羡慕自由职业者，以为诗和远方一定比眼下的工作更让人有热情。可是他却不知道，那些未来独立做事的人，在职场也必有过人之处。一个积累了足够职场资本和能力的人，在任何相对公平的环境中都可以发光发热。

就像罗振宇从央视出来自己创业做知识付费产品，这是他积累了足够的资本和能力之后顺其自然的选择，而不是拒绝现实的无奈之举。

反观有些人，有一个梦想有那么点热情就觉得自己可以闯出一片天，这岂不是很荒唐吗？

理想和事业需要实力来支撑。看到很多成功人士对自己的事业抱有莫大的热情，就误以为是热情导致了成功。

其实，成功和热情有相关性，但相关却并不意味着因果。

麻省理工学院的计算机博士卡尔·纽波特经过大量的研究，认为有一个第三方的因素同时导致了成功和热情。

这个第三方因素就是精通，也就是你对自己职业技能的擅长和熟练。水平高了，你的行动效率就会很高，并且能够自主地安排工作内容和时间。

而精通不仅仅是胜任。精通者考虑问题，很少简单地使用固定规则，也不再区分经验和规则，而是从整体出发来做全盘考量，这样往往能够更有创造性地解决问题。如果你极具创造性，能给别人和世界带来价值，你自然就能够积累影响力，成功和热情也会随之而来。

### 如何做到精通

关于专注、努力和刻意练习，前面的章节已经有了很多阐述，而在这里要强调的，是精通背后的心智模式——"工匠思维"，它会让我们持续地专注、努力和刻意练习。

古希腊有一则寓言，叫《刺猬与狐狸》。狐狸知道很多事，应对变化时能游刃有余；而刺猬只知道一件大事，并且专注于此。狐狸是一种狡猾的动物，行动迅速，脚步飞快，而且还能设计出无数复杂的策略偷偷向刺猬发动进攻；而刺猬毫不起眼，走起路来也一摇一摆，整天到处走动，专注于觅食和回家。有一天，狐狸在小路的岔口不动声色地等待着，而刺猬只想着自己的事情，一不留神就转到了狐狸的地盘。这时候，狐狸猛扑上去，而刺猬意识到了危险，立刻缩成了一个圆球，浑身的尖刺，向四面八方竖立着。狐狸看到刺猬一如既往的把戏，只好停止进攻。撤回森林之后，狐狸又开始策划新一轮的进攻。刺猬和狐狸之间的这种战斗每天都以某种形式发生着，尽管狐狸比刺猬聪明，但胜利的总是刺猬。

仔细想想，狐狸的思维是凌乱而扩散的，它追求很多目标，却没有一个统一的理论作为支撑；而刺猬却愿意将自己的某个优势打磨到极致，以不变应万变。其实，刺猬代表的就是一种"工匠思维"，它让我们有了长期专注于打磨自己、追求卓越的精神和态度，愿意沉静下来，努力让自己变得优秀。

在"热情思维"中，一个人更关注自己能从事业中获得什么价值，而在"工匠思维"中，一个人更关注于他能够创造出什么价值。

"工匠思维"和"热情思维"有着极大的不同：

| 工匠思维 | 热情思维 |
| --- | --- |
| 关注自己能给世界带来的价值，内求 | 关注世界能给自己带来的价值，外求 |
| 确定性：<br>提升自己，持续进步 | 无确定答案<br>总是在寻找热情 |
| 方法：<br>积累时间，磨砺自己 | 方法：<br>不断寻找 |
| 方向：<br>纵深，专精 | 方向：<br>无序，散漫 |

想要追求理想中的事业，最关键的是善用"工匠思维"来打磨自己，从而获得交换理想生活的筹码。美国纽约大学心理学教授加布里埃尔·厄廷根用了 20 多年时间研究内心的动力，提出了一种全新的思维心理学的方法"WOOP"，它能够让我们更好地运用"工匠思维"这种心智模式来积累追求梦想的资本和能力。

### Wish（愿望）

确定你想要干什么，比如，你想要一份好工作，可以是到腾讯工作。

### Outcome（结果）

把结果具体化，比如你要进腾讯，最理想的职位是资深工程师。

### Obstacle（障碍）

这是面对现实的一步，让你清楚地认识到如今你和这个结果之间有什么障碍。如果你现在技术水平很差，你的障碍就是深入学习腾讯公司所需要的开发技术；如果你技术水平已经很厉害，你的障碍就是找到去腾讯的工作机会。

### Plan（计划）

通过制订并执行计划，来解决你当前需要面对的各种障碍。

在我看来，"WOOP"这种思维方法并不特别，它其实和"自我定位闭环系统"很相似,但它最大的作用,就是通过这样一个思考过程来帮助你认清现实,放弃不切实际的幻想,从而脚踏实地地完成原始积累,缩短能力与理想的差距。

当你看清了现实,不被一时的热情冲昏头脑,你就更容易沉浸于"工匠思维"的心智模式中,让自己达到精通。

生活总是青睐于那些实干家,而要成就理想中的事业,不但需要你做有趣的事儿,更需要你做很多费力的事儿。而热情,往往是个被高估了的素质。

## "工匠思维"的陷阱

"工匠思维"强调的是持之以恒的积累和磨炼,那么是不是任何事情都值得我们选择这种心智模式呢?显然,我们需要辩证地去看,具体情况具体分析。以下三种情况,你应该重新考量自己是否要采用"工匠思维"。

### 无突出

也就是说,你做的事情无法让你通过积累发展出稀缺而宝贵的资本和技能。在这种情况下,你无法脱颖而出,即使精通了也会因为市场供过于求而很难获得高价值,甚至不利于你以后的持续性发展。比如,你去做送外卖的工作,不管你如何提高送外卖的效率,如何在送单时花心思琢磨,但最后你还是会败在年龄的增长和体力的衰弱上。

**无价值**

如果你做的事情和关注的内容自己并不认可，或者与你的价值观相冲突，它就是一件对你而言无价值的事情。比如，有一家媒体公司找我签约，每个月写 10 篇原创文章，保底 3000 块，根据文章质量薪酬无上限。可是这和我的价值观不相符，我不想做一个写手，我希望记录生活的所思所想，成为一个有自己灵魂的作家，所以这种事情于我而言就没有价值，于是果断放弃。

**无志同道合**

你做的事情，迫使你和自己非常不喜欢的人打交道，或者你的工作环境中充满了勾心斗角，大家相处得很不愉快。在这种情况下，你根本不会有心思打磨自己，还不如早点脱身，寻找更值得共事的人。

管理学大师彼得·德鲁克说，人生最悲哀的，莫过于用最高效的方式去做错误的事情。

我们坚持做一件事情，往往是因为坚信这样做是对的。"工匠思维"非常可贵，但是功夫要用在刀刃上，如果我们发现自己的人生走错了方向，那么请停下来，直面错误，及时止损，因为停下来就是进步。

## 把一件事情做好，才会更有热情

"我是谁？我真正热爱什么？"

这样的问题其实并没有非常确定的答案，就算有，也并不是短时间能够找到的，这需要你有更多的尝试和付出。不可否认，一开始的兴趣和热情也很重要，但是后续的精通更需要持之以恒的专注、努力和刻意练习。

村上春树在成为小说家之前，自己开了一家爵士乐的小店。某个晴朗的午后，他正在看棒球赛，突然有了"没准我也能写小说"的想法，而在此之前，他对于写小说这件事情一无所知，更不用说所谓的热情和兴趣了。那时候村上的生活并不容易，每个月要还银行贷款，还要开店，每天记账，检查进货，调整员工的日程，烹制菜肴……在深更半夜店铺打烊之后，他才回到家里，坐在厨房的餐桌前写稿子，一直写到昏昏欲睡。这样的生活持续了将近三年，而在这个过程中，村上春树活过了相当于普通人两倍的人生，磨砺了自己的写作技巧和能力，同时也得到了专业奖项的肯定。

面对别人的成就，我们往往只看到了他光彩夺目的耀眼光芒，却忽视了光彩掩盖之下那个努力付出、默默积累的灵魂。村上春树之所以成为优秀的小说家并以此为生，靠的从来就不是一以贯之的兴趣和热情，而是日复一日的坚持所积累起来的实力。我们往往不是因为有热情才把一件事情做好，而是因为我们可以把一件事情做好才变得越来越有热情。村上春树曾说："但凡值得一做的事情，自有值得去做甚至做过头的价值。"

想要成就理想中的事业，相较于热情，内在的那份难得的毅力和耐心,才显得至关重要。当你不够优秀的时候,那些所谓的机遇都只会是别人的机遇。而那些抓住了机遇的人,往往都是认真积累能力、好好打磨自己的人。所谓的关键性机遇,并不是它青睐了你,而是它非你莫属。

我非常认同这样一句话:"当你的才华还撑不起你的野心时,你就应该静下心来学习;当你的能力还驾驭不了你的目标时,你就应该沉下心来历练。"与其急切地追寻把握不住的机会,不如沉下心来打磨自己,静静地等风来。

# 02

## 跨界，
## 是从平庸到卓越的最佳策略

塑造立体式能力圈，打造多维度竞争力

**跨界，是个人卓越的最佳策略**

随着社会发展，知识的边界不断被突破，人类习得的知识越来越多，也越来越复杂。

知识的持续积累和人类的分工协作，让世界上的很多学问都开始精细化，分门别类，以至于到当代，已经很难有像亚里士多德那样知识非常全面的通才。

精通某一个领域，是为了高效率地解决领域内的单一问题，但我们在工作和生活中面对的是复杂的世界，单一领域的关注只是给我们提供了一个视角，并不能给我们展现问题的全貌，很多时候我们需要通过跨界来打破思维定式。

很多人成为苹果的粉丝，是因为它方便快捷人性化的体验，其实还有一个原因很重要，就是苹果产品非常好看。乔布斯有一个非常重要的经历——他是禅宗非常虔诚的修持者。在中国古代美学中本来就有所谓的"儒道骚禅",而禅宗最核心的精神就是极简。如果你到日本去看过传统的寺庙庭院,会发现一种名为"枯山水"的典型构造,它是把细沙用沙漏漏成山水流光之台,然后放一点点假山作为点缀,这就是一种极为简单的山水意象。当我们把一个苹果电脑放在枯山水这种禅宗美学庭院当中,会发现毫不违和,极致简单,极致明朗。

如果乔布斯本人对禅宗的极简主义没有深入学习和研究,如果他没有将禅宗的极简主义与苹果已然非常优秀的工业设计相结合,我们就很难看到如今苹果产品简约美的外形,苹果产品也很难在众多手机品牌中脱颖而出。

苹果从平庸走向卓越的策略,正是跨界。对于个人来说,这也是一条极佳的策略。我们常常只专注于一个维度上的提升,却忽略了其他维度上的可能性,把自己局限在了一个狭隘的空间里。单个维度的成长是一条线,两个维度的成长是一个面,而三个维度的成长则是一个立体。

所谓跨界,就是从单个维度拓展到多个维度,在各个维度上相互促进,打造全方位立体化的优势。

特斯拉的CEO埃隆·马斯克是著名的创业家,创建了四家非常成功的公司,横跨不同的领域:

Paypal:互联网支付的开创者

特斯拉：纯电动汽车领导者

SpaceX：私营航天公司，成功发射重型火箭

SolarCity：美国最大的太阳能发电公司

埃隆·马斯克并不是简单专注于一个领域的顶级人才，他的专业知识涵盖了物理学、工程学、人工智能、火箭科学、太阳能源等领域。他实际上是一个博学的通才，通过跨界在不同领域广泛学习，多维度地打造自身竞争力，从而在事业上取得了极大的成功。

传统观点认为，我们应该只专注于一个领域，但宾夕法尼亚大学医学院进行的一项研究发现，医学生在参加艺术课程后能够提高他们在医疗过程中的观察和识别能力。真正的通才并不满足于只精通一个专业，他们非常乐意学习其他专业的知识，所以才能跨专业地找到解决问题的完美方案。

从平庸走向卓越的最佳策略，其实就是在某个维度上做到突出，然后再结合其他维度进行跨界。跨界成本越大，就越有可能获得极大的回报。麻省理工学院的教授彭特兰说过："最有创新能力的那些人，在知识的溪流中自由漫步，每获得一个新观念，就把它置入这条溪流中，与其他人交融、碰撞、验证、证伪，生发出新观念。他们不是专家，但也不浅尝辄止，而是追逐知识、观念、思想、技能的跨领域碰撞所带来的化学反应，不能自已。"

## 你所理解的斜杠青年，也许是错的

当谈到跨界的时候，我们很容易联想到时下非常热门的一个词——"斜杠青年"。"斜杠青年"这个概念，源自英文"Slash"，出自 2007 年《纽约时报》专栏作家麦瑞克·阿尔伯撰写的书籍《双重职业》。她说，越来越多的年轻人不再满足单一职业的生活，而是选择拥有多重职业和身份的多元生活。

这样一个词，给了我们很多幻想。它告诉我们，每个人都可以在工作之余，利用自己的优势来做一些喜欢的事情，并获得额外的回报，甚至可以成为自由职业者，摆脱"朝九晚五"的刻板生活，依靠不同的技能来获得收入并实现财务自由。可是，斜杠青年所勾勒出来的完美蓝图，背后需要强大的多元技能做支撑，蜻蜓点水般地身兼数职是不够的。

如果多做几份不同行业的差事，就算得上是斜杠青年，那么一大早卖烧饼，白天做门卫，闲下来炒炒股，晚上还能支个摊卖卖锅碗瓢盆的隔壁老王，也妥妥地是个斜杠青年了。人家不仅有正职，懂金融，还会做生意，说不定时常还能蹦出几句人生哲理。

在这个竞争日益激烈的时代，真正的斜杠青年都明白，必须在一个领域做到优秀之后，才有可能获得真正的话语权。《斜杠青年》一书的作者 Susan Kuang 谈到自己离职的时候说，当时的确会有一些不安全感，但是这种不安全感并不是非常强，因为她知道自己有一项基本的技能，就是她的英文能力。而她在出国之前，原本的身份就是英语培训师，并且在新东方也待过一段时间。当时裸辞的时候，她也不是特别清楚未来要做什么，以及未来会怎样。但是她心里非常明白，最糟糕的状况可能就是暂时通过教英文来获得收入。作为斜杠青年的倡导者，Susan 能够拥有多重身份，前提是她已经在英语领域做到了足够优秀，从而拥有了更多的生活选择权。

反观很多裸辞的人，他们打着斜杠青年的旗号，却回避现实、懒惰自弃，在没有足够实力的情况下就想要获得人生的丰富多元。我们大部分人都只是看到了斜杠青年们各种令人艳羡的自主力和影响力，却忽视了他们在某个技能上的钻研和积累。

斜杠青年最大的意义，就在于他们能够在多个维度上发展自己，不断精进。而跨界的基础，是至少有一项达到卓越水平的技能，然后以它为核心进行拓展。他们不仅仅具备了不同领域的技能，而且能够跨领域地将各项技能结合起来，创造出新的价值。

**跨界的两眼思维**

在《巨人的工具》这本书中，有一个接受采访的牛人叫作斯科特·亚当斯，他既写博客又画漫画还写书，他的呆伯特系列漫画已经被翻译成了 25 种语言，在 65 个国家出版。

亚当斯说，如果你想要取得卓越的成就，大概有两种选择。一种选择是把单个技能磨炼到全世界最好，但这非常困难，不是一般人能做到的。另外一种是，你可以选择两项技能，把每一项技能都打磨到世界前 25% 的水平，这相对来说就容易一些。同时拥有两项占有优势技能的人其实并不多，所以如果你能把两项技能结合起来去做一件事，就有可能取得很大的成就。

亚当斯认为自己不是画画最好的，但是他的画画技能可以达到前 25% 的水平；他写笑话的技能不是世界上最好的，但是他这个技能也可以达到前 25% 的水平。把两个技能结合起来，他就画成了呆伯特漫画，而能做到这件事的人本来就不多。所以他给年轻人的建议是，你最好在某个领域努力磨炼成前 25%，然后你得再加一个领域，如果你有更大的本事，多加几个更好。很多大学教授也建议在校大学生最好能拿两个不同的学位，这两个学科距离越远越好，比如经济学 + 哲学，工程 + MBA（工商管理硕士）。

换句话说，你只要在两个领域达到前 25% 的水平，就一定能在当今之世占有一席之地。但这有个前提，你需要主动地把这两个领域的裂缝修补起来，从而创造出新的独特价值。

这其实就是跨界的两眼思维。人有两只眼睛，是为了更精准地观察和了解这个立体的世界，而个人拥有技能上的两眼，则是为了更好地适应这个飞速发展的时代。

斯科特·亚当斯的两只眼就是绘画和写作，而股神巴菲特的两只眼则是商业和投资。

拥有两眼思维的人，能够交叉使用不同领域的知识和技能，深入了解不同领域之间的关系，从而构建出个人独特的优势。

## 两眼思维的优势

### 思想聚合

哈佛商学院副教授卡林·拉哈尼说:"参与解决问题的人越多元,问题就越容易解决。"跨界者能够将不同领域的概念整合起来,产生新的想法。就像前面提到的苹果把工艺设计和禅宗的极简主义结合起来,创造了极富美感的设计。

### 快速学习

跨界通才都有极强的好奇心,面对新生事物会有探索欲,并且相信自己有能力快速理解新事物。因为不同领域的知识,看似风马牛不相及,底层的规律结构却往往是相似的,所以跨界者能够迅速理清思路,高效学习。

### 系统思考

跨界思维者在了解了事物的不同面向后,更擅长去思考不同事物之间如何产生关联,如何相互作用。这种360度的全方位视角会让他们站在更高的维度来系统性地思考问题,而不是像很多专家那样只会用单一视角来看待人、事、物。

### 适应性强

跨界者拥有两只眼或者多只眼,因而具有多维的竞争力。即使当下环境发生变化,相比那些只有单一技能的人来说也更能够随机应变,适应能力更强。在信息流动加速的互联网时代,跨界变得越来越频繁，很少有人能够一辈子只固守一尺一寸。找到属于你的两只眼，你将获得"1+1>2"的高效能。

### 如何培养跨界的能力

跨界不是简单地涉足不同领域，或是把两件事物随意搭配在一起，而是需要我们深入探索自己擅长的领域，积累相关的知识和经验。只有尽可能拓展自身的边界，打造多维度立体式的能力圈，我们才能变得更加强大，才能抵抗未来的不确定性。

我们可以从以下几个方面进行跨界探索：

**自我的通识教育**

在美国，刚开始工作收入比较高的是那些工科学院的毕业生，而像哈佛这样顶级名校的毕业生反而并不高。因为他们接受的是通识教育而不是直接的工作技能。但是，10年之后再追踪收入，就会发现名牌大学出来的那些有着人文背景的人后来者居上，而且更容易突破职业的天花板，社会地位也提高得更快。

虽然我们的学校可能不会提供通识教育，但我们可以进行自我的通识教育。

所谓自我的通识教育，就是关注自己专业之外的知识，让自己的眼界开阔起来。哈佛大学认知科学家帕金斯认为，广义教育下的知识在学习者未来的生活中更具生活价值，所以自我的通识教育可以从以下几个和生活相关的领域入手：

### 大历史

历史，是被人类记录下来并且做出解读的发生在过去的事情。人类会从不同的角度对已发生的事件进行重新构建。从人类的角度看，我们有人类历史，从地球的角度看，有地球历史，而从更宏观的宇宙角度看，有宇宙历史。不同的视角看待历史，我们会形成不一样的观感体验。我们可以通过学习历史，跳出以人类为中心的狭隘视角，将宇宙中的万事万物串联起来，形成完整科学的宇宙观、世界观和人生观。

### 哲　学

哲学的英文单词是"philosophy"，它在希腊语中的意思是爱智慧。哲学关注事物与人类的关系，探究事物对我们是否有价值，是否有意义。它会促使一个人去思考很多深层次的问题，比如我是谁，我来自哪里，要到哪里去等。从古希腊的自然哲学，到东方的治理哲学，通过学习哲学我们可以培养一种思辨精神，习得批判性思维和逻辑思考能力，在探索人生的价值和意义的同时让自己更有智慧地生活。

### 进化论

进化论可谓整个科学史上最伟大的发现之一，它为宇宙万物的演变提供了一种全新的解释。我们可以从中学习复杂事物的起源和发展规律，用进化的思维方式去看待周围的世界，从而更深刻地理解发生在我们周围的事件，创造出有利于人类发展的新事物。

**心理学**

心理学研究的是人的认知过程、心理机制和行为模式，它可以让我们更深入地了解自己和群体的心理和行为，从而更好地适应这个社会。

心理学知识和我们的生活息息相关，只要能够充分理解和掌握人的心理规律和行为方式，我们就可以和自己、他人以及外界构建起更好的关系。

心理学是一门庞大的学科，其中包括生物心理学、认知心理学、社会心理学等。

**统计学**

很多人不懂概率，喜欢追求100%的确定性。但是不确定性才是这个世界的本质，你生活中遇到的大部分事情都是概率事件，也就是说它可能发生也可能不发生，它的发生概率取决于多个影响因素之间的相互作用。

就像在股市里，股价的涨跌在短期内很随机，但是你可以通过概率统计来预测长期的股价走势，规避风险。现在流行的大数据，其实也是通过大量数据来分析其背后的规律，从而预测用户行为。

理解统计学能提高我们的理性思维能力和决策能力。

**美学设计**

一个人想要过上有品质的生活，他首先要能够辨别什么是品质。审美能力看起来是艺术家的专属，但事实上一个人的审美和认知影响着他生活的方方面面。一个有审美能力的人，对生活有细致入微的感知，有创造美的意愿和动手能力，会更主动地给自己的生活制造乐趣，并做出有意义的取舍。

```
           美学设计
    认知心理学    概率统计学
  大历史    哲学    进化论
```

我们可以为自己搭建一个通识教育的金字塔，从底层的学科开始学习，不断跨领域地了解不同学科的底层规律，从而在学习的过程中获得融会贯通的能力。

**建立多元的思维模型**

如果你只有一个思维模型，你就容易犯"锤子综合征"——有一把锤子，看到什么都是钉子。查理·芒格在一次演讲中提到了学习思维模型的方法，叫作全归因治学法——学到一个新知识后，要想办法弄清楚这个知识的源头，尽可能用更基本更简明的原理来解释这个新知识。

通过自我通识教育、跨学科的阅读学习，以及长时间的思考、实践和反思，我们可以掌握重要学科的基本原理，从而建立起多元思维模型。而当一个人建立起多元的思维模型，他就可以从不同的角度来审视身边的人、事、物，多维度地做决策。

查理·芒格这样总结他建立的多元思维模型：

数学的复利模型；

物理学的临界质量模型；

生物学的进化模型；

工程学的冗余备份模型；

心理学的人类误判思维模型，等等。

查理·芒格说："我一生都在追寻最好的思维模型。"正是因为有了多元的思维模型，他才能够跨学科地解决问题。

**迁移学习**

埃隆·马斯克从青少年时代就开始了自我的通识教育，每天阅读分属不同学科的两本书。除此之外，他还特别擅长迁移学习。

所谓迁移学习，就是将我们从一个领域学到的知识和技能应用到另一个领域。加州大学洛杉矶分校的心理学教授凯瑟·赫力

约克,同时也是世界上类比推理的顶级思想家之一,他建议人们在打磨技能的过程中问自己以下两个问题:

它让我想到了什么?
为什么会让我想到它?

通过不断了解新的知识和技能,掌握新的思维模型,同时问自己这两个问题,你将打破大脑固有的思维定式,找到不同事物之间的深层关联,从而产生全新的认知。而这种全新的认知,会让你打破传统界限,实现跨界创新。

**积木化组合**

乐高是全球最大的玩具公司,它的乐高积木让孩子们爱不释手。多数乐高积木有两个基本组成部分:

一面有凸点;
一面有可嵌入凸点的凹槽。

乐高有上万种不同颜色和形状的积木,由这么多种积木可以组合出近十亿种拼法。而乐高好玩的原因就是你可以通过各种组合搭建出自己喜欢的模型。而且乐高每出一款新积木,并不只是多了一种新积木,而是多了一种新玩法,因为每款积木都可以和现有的积木进行组合，创造新模型。其实我们也可以把知识和技能看作一块块积木，通过自由拼搭来达成知识和技能的跨界融合，拓展自己的能力圈。

假设你是个程序员，有丰富的编程经验和知识，同时你又很擅长演讲，你就可以把编程和演讲组合起来，成为互联网行业的培训师；如果你还会录制视频和剪辑视频，你还可以把剪辑的技能和编程、演讲组合起来，打造在线视频课程。

当你把自己的优势逐一解构，然后重新组合起来，你就会产生新的洞见和收获。有人说，知识给了你一盒子乐高积木，但是生活要你交付的往往是一个模型，这就是积木化组合的真谛。

于个人而言，在某一个维度达到精通，然后沿着一个或多个维度来进行跨界，这是从平庸走向卓越的最佳策略。而勇于跨界学习的人会不断汲取各个领域的知识和经验，然后，在实现多元价值的同时也能取得非凡独特的成就。

# 03

# AI 时代,如何做到不可替代

掌握未来的核心能力

## 未来已来，AI 会取代人类吗

从苹果手机上的智能个人语音助理 Siri，到 AlphaGo 击败围棋高手李世石，再到阿里的无人酒店正式开业，我们已经渐渐步入了 AI（Artificial Intelligence，人工智能）时代。

《失控》和《必然》二书的作者凯文·凯利，一直在研究和描绘人类的未来。他认为人工智能这种新力量，会越来越多地应用到生活的方方面面，那将是又一次工业革命，未来人工智能将无处不在。比如，一辆普通的汽车，如果加入了人工智能，车辆本身就具备了操控系统，不再需要人来驾驶，成为无人驾驶汽车。

公交车司机可能会消失，放射科的医生可能会被人工智能取代，甚至现在看似高端的编程人员也可能被更会写代码的机器人淘汰。

既然机器人会跟我们抢工作，甚至在很多方面超越人类，那么我们会被 AI 取代吗？

凯文·凯利在接受采访的时候说，人工智能不会代替人类，因为它和人类的思考方式不同。在农业社会，大部分人都是农民，工业革命过后，如今只有不到 1% 的人是农民。

科技减少了很多传统工种，但同时也创造了新的就业机会。比如，当今的网页设计师、小程序开发者、大数据分析师等职业，其实都是科技发展带来的。所以，当下很多职位在未来会让位于人工智能，但同时也会出现很多新的就业领域。AI 擅长的是已知的、程序化的事情，它们取代的是那些重复性高、劳动密集型的工作。人类的优势在于处理那些耗费时间、不追求效率和正确性的事情，比如艺术创作、沟通交流。人工智能实际上是在帮助人类从重复、无聊的事情中解脱出来，投入创造性高和更有价值的事情上。

**洞察未来趋势**

随着科技和社会的发展，未来的序幕正在一点点拉开。而想要在未来立足，我们先要看清楚未来的方向和趋势。技术会有一个前进的方向，这个趋势就像重力一样成为必然。从电话的出现、网络的应用，到人工智能的普及，其中的细节无法预测，但是这种趋势最后总是会朝着同一个方向发展。

## 趋势一：人类和 AI 的关系，是共生而非对立

1997 年，国际象棋的世界冠军卡斯帕罗夫输给了 IBM 公司的超级电脑"深蓝"。这可能并不公平，因为电脑存储了各种数据并且拥有强大的计算能力，这显然是人脑的内存和效率所比不上的。后来卡斯帕罗夫决定建立一个全新的国际象棋联赛，允许选手使用人工智能来进行对决，他称之为"半人马"，也就是人类和人工智能相结合。2005 年，在线国际象棋锦标赛邀请各类参赛者，包括超级计算机、人类象棋大师、人类 +AI 混合团队，共同争夺大奖。最后，人类 +AI 这种"半人马"组合击败了其他类型的选手。"半人马"的组合，汇集了人类和人工智能各自的优势：人类大师更擅长深远的国际象棋布局策略，而人工智能则擅长提供充足算力以思考数百万种可能的落子方式。

在未来的大部分领域，都会是人类和机器人的组合。人类将和人工智能融合，进化成一个新的物种，以最有效的方式来推动社会进步。所以人类和人工智能的关系，是紧密协作，而不是相互对立，而未来人类的工作价值，很大程度上取决于以下两方面：

独立于人工智能之外的优势；
与人工智能的协作契合度。

你在知识和技能上越有独特优势，在市场上就越稀缺；另外，懂得利用人工智能来扩大自己的这种优势，就相当于在游戏里升

级了装备，竞争力一下子会突破好几个层次。

## 趋势二：一切工作都将贴近服务业

看看那些高收入的发达国家，它们的产业格局是制造业比重低，服务业比重高。在美国，更有前景的就业领域是教育、医疗、专业及商业服务领域，比如研发、咨询、法律、设计、技术服务等，还有其他一些服务业，比如休闲娱乐和酒店业。

随着人工智能的普遍应用，人类将从重复枯燥的工作中解放出来，拥有越来越多的闲暇时间。未来的经济和就业结构将发生重大变化，趋势就是大部分工作将更贴近于服务业。

所以，在未来的市场中，研发、策略、设计、交流、娱乐等领域的工作会成为主流。过去你认为很没有用的专业，在未来将成为有价值的技能，比如影视游戏产业、心理咨询行业，等等。其实，这种贴近服务的模式现在已经初现端倪：你不需要拥有一辆汽车，你只需要使用出行服务，比如滴滴的共享汽车服务；你不需要购买一个软件，而是采取订阅服务，随时可以取消，比如苹果的照片存储服务。在未来，这种用后即走的服务会是一种趋势，无须拥有，无须维护，无须储存。

当你为孩子选择专业的时候，从未来的趋势去考虑，就会做出更优的决策。

**趋势三：人类的需求越来越高阶**

根据马斯洛的需求层次理论，最底层是生存本能的基本需求，更高层的是人的精神性需求。

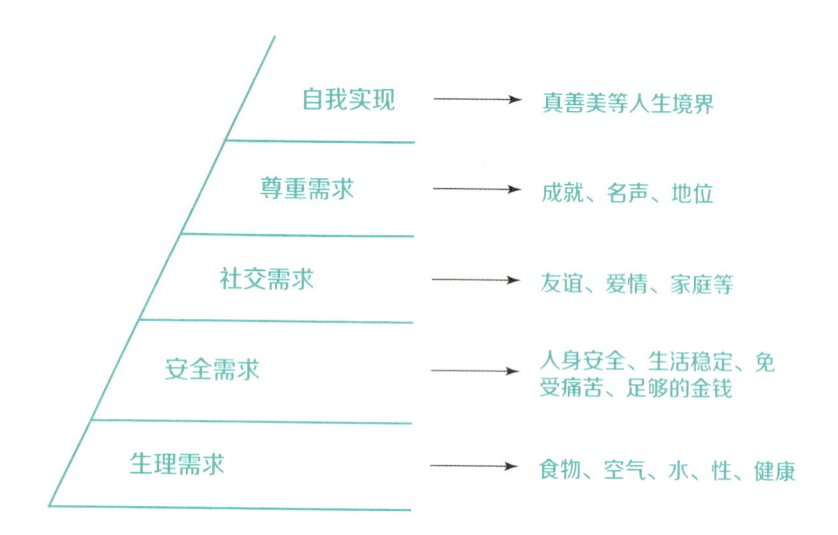

|  |  |
| --- | --- |
| 自我实现 | 真善美等人生境界 |
| 尊重需求 | 成就、名声、地位 |
| 社交需求 | 友谊、爱情、家庭等 |
| 安全需求 | 人身安全、生活稳定、免受痛苦、足够的金钱 |
| 生理需求 | 食物、空气、水、性、健康 |

随着时代的发展，人类生存的物质基础越来越丰富，一般人在满足基本需求之后，会自然产生更高的精神追求。我们的上一辈因为生活艰难，温饱都成问题，所以他们最重要的需求就是基本的生存和安全需求：吃饱喝足，有房子住。而如今的中产阶级，他们努力上进跻入精英阶层，其实是在解决了底层需求的基础上，再往上追求名声、成就、地位和财富等，为的是满足自己的社交和尊重需求。微信、Facebook 等满足社交需求的互联网产品层出不穷，而知识付费的兴起则回应了对尊重的需求。很多"00 后"、

"10后",追求的可能是现在很多中年人难以理解的自我实现。他们不渴望成功,因为他们从小就有了成功的地位,所以要追求更高的人生目标。

在未来,人类的需求会往更高阶段演化。生存不再是人类的主要需求,对社交、尊重、成就、地位的追求将进一步增加,而对自我实现的追求也会慢慢成为主流。

在这三种趋势之下,未来将是知识和创意的时代。每个人都会有自己个性化的需求,市场上的服务也会越来越多元,越来越细分。

## 迎合未来的核心能力

未来的样子你想象过吗?

如果你是一名医生,你认为自己最重要的能力是什么?人工智能拥有最全的数据库,囊括了当今医学的所有知识和诊疗手段,它的检索功能和数据分析能力绝对超过全球任何一名医生。人工智能一分钟给出分析结果和治疗方案,病人被告知没有任何问题,可以直接回家。这时候,如果换位思考,作为病人你会安心吗?所以除了要利用AI的优势,和人工智能紧密协作,医生还要有和病人沟通交流的能力。你可以先和病人聊聊,然后在获得人工智能收集的各项身体信息以及诊疗报告后,耐心给病人解释清楚具体的病情,病人有疑问你也能够依据自身的专业思考积极应对,甚至你还需要用自己的心理学知识去安慰病人。

如此一来，15分钟过去，病人不仅感觉安心，对服务也非常满意。如果能把视线放长一点，医疗不仅仅是治病，还包括后续的心理建设、预防知识的宣传等。

显然，AI时代对个人能力的要求更为多元和高阶，我们要学会去迎合这个趋势，发掘自己存在的全新价值，否则就会成为一个无用的废人。

未来的核心能力包括：

### 独立思考能力

上学的时候，我们被训练成了能够快速拿出标准答案的群体。踏入社会我们才发现，世界上很多事情是没有标准答案的。我们的好奇心和想象力因为同质化的教育而被压制，所以很少有人真正地去独立思考。大家盲目从众，更愿意跟大部队一起过独木桥。培养独立思考能力，就是要建立批判性思维，获得分析、评判和评价的能力。

想要做到独立思考，你得自己提出看法，然后进行探索研究，找各种证据来支持你。就算你看了别人的分析，也要对这个分析重新审视，看看其中的逻辑是否完整，论证是否合理。我们生活中面临的难题，比如未来的择业、个人的发展，都没有统一的答案，你要有独立思考能力，才能主动地做出适合你的选择。

培养独立思考能力，你可以从下面五步着手：

理解一件事情的来龙去脉；

找出不能理解的部分，进行探索和研究；

提出自己的意见，然后搜集证明自己想法的证据；

不断用"So what"（然后呢？）来质疑自己的意见，看逻辑是否成立；

思考和自己意见相反的想法是否成立。

**提问能力**

如今要找答案越来越容易了，你可以问百度、谷歌，甚至很多 AI 也能够及时回应你。但是让你对一个热点事件或者某个产品提出问题，却越来越难。因为提问是一个创造过程，一个好的问题，会比一个完美的回答更有价值。

在创造发明、艺术创作、商业谈判等方面，人工智能的表现非常糟糕，因为它们无法简单地对答案的好处进行排序，特别是在没有量化标准的情况下。但是在这类任务中，人类却能够提出很多延伸性的问题来帮助决策。

有了非常好的提问能力，你将通过问题来引发新的思考，拓展思维的边界。它会像一个引擎一样，推动你不断去创造，不断去寻找人、事、物的本质。凯文·凯利曾说："问题比回答更有意义，好的问题可以开发一个新领域。比起完美的答案，好问题更重要。"

如何训练自己提问的能力呢？提问的前提是认真倾听和理解。

如果获得的信息不全,你提出的也不会是好问题。所以在和别人交流的时候,你要学会倾听,在查阅资料的时候,你可以用三色笔画重点,在理解的基础上发掘问题。

## 设计能力

环视你的房间,你会发现身边的每一件物品其实都经过了设计。设计能力是未来很重要的一种能力。设计意味着独创性和稀缺性,人们为设计而不是为物品买单。两件功能相似的物品,肯定是有着精美设计的那一件更吸引你。在《全新思维》一书中,作者丹尼尔·平克曾引用一位设计师的话:设计感是人类的一种基本天性,即人类以自然界史无前例的方式塑造和改善我们所处的环境,以满足自身需求,并使生活充满意义。

未来的需求越来越个性化,而每个人都可以用自己独特的审美意识和感受力来设计事物,创造出独具个人烙印的产品。另外,有着敏锐设计感的人,也会拥有更好的感受力和表达力,能够把一件事情做得更好。

如何让自己有更好的设计能力呢?

### 经常记录灵感

当你读完一本书之后有了新想法,你可以记录下来;当你发现一件心动的物件,你可以画下来;当你遇到好的风景,你也可以用相机拍下来。经常记录美好的事物,可以为你未来的工作和生活提供很多灵感素材。

**阅读设计杂志**

设计杂志看多了，你会形成自己的审美意识，激发设计思维。

**逛博物馆和艺术展**

不像书本和杂志，博物馆和艺术展上呈现出的作品，都是真实立体的，这能够给你带来直接的感官刺激，大大增强你的设计敏感性。培养自己的设计能力，往往也会提升你的生活品位，让生活更有乐趣。当一件极具设计感的作品摆在你面前，如果能调用自己的设计能力来感受它，沉浸在这种美的感受中，你就能够在生活中创造更多的幸福感。

**共情能力**

美国心理学家哈洛曾经做过这样一个实验，把一只刚出生的小猴和两个假妈妈放在一个笼子里。其中一个假妈妈是用铁丝做的，"铁丝妈妈"这里可以提供奶水，而另一个假妈妈则是在铁丝网外面加了一层绒布，但是不提供奶水。刚开始，小猴子都围绕在"铁丝妈妈"这里，但是没过几天，小猴子就只有在饿了的时候到"铁丝妈妈"那里去，其他时间都跟"绒布妈妈"待在一起，因为在那里它能够感觉到温暖。

从中可以发现，即使是猴子，除了满足基本的生存需求之外，也有着非常强烈的连接需求，而人类作为社会性的动物，更是如此。与他人产生和谐的连接，不仅必要，而且直接影响着我们内在的幸福感。

不管我们外在如何积极地寻求财富、名利、地位，但我们内心深处都渴望得到爱，渴望被理解，渴望与他人相连接。

同理心强大的人，能够给人与人之间的连接赋能，改变人与人之间的关系，更进一步地成就自己的生活和事业。

这种强大的共情能力，不是以高高在上的姿态同情别人，而是与对方保持在同一个频道，理解并且回应他的内在思想和感情。而这种共情能力，在人工智能盛行的未来，更是人类独有的优势，它的一个底层逻辑就是"给予 > 索取"。

如果你把自己定位为给予者，你就更容易产生共情，就像一个发光体，源源不断地向外散发光和热，照亮别人的同时，也温暖自己。

现在很多父母在教育小孩的时候，更在意的是他能不能上名校，能不能赢在起跑线上，但却忽略了更重要的一点——培养孩子的共情能力，建立人生的不等式："给予 > 索取"。让自己的给予大于自己的所得，才能成为一个有积极能量的人，不仅能够为别人创造价值，影响别人，还能够实现自我的价值。

**创新能力**

比起善用标准化套路的人工智能，创新能力一直是人类特有的优势。在未来,创新依然是推动社会进步和科技发展的最大动力。资源是有限的,但是如果你有想法、有新技术,资源就是不停变化的。所以,不管是在当代还是在未来,拥有创新能力的人,必定是世界上最稀缺的人才。

新崛起的创新国度以色列,是个多灾多难、面积狭小、遍地沙漠的国家,但是它却取得了举世瞩目的成绩:800万人,7000个创业公司,人均 GDP 达 3.5 万美元,除了美国和中国外,它在纳斯达克拥有最多的上市公司。

以色列没有任何资源上的优势,它有的只是拥有创新能力的人才。这个国家是怎么培养人才的呢?每个小孩 5 岁开始读书,关键在于,他们不是死记硬背地读,而是大家聚在一起讨论、辩论,从小培养小孩的独立思考能力和创新思维能力。每天小孩回家,家长问的不是你今天记住了什么,而是你提了多少好问题。

从以色列的例子来看,创新能力不是少数人的天赋,而是后天刻意培养的。而创新能力其实来自前面提及的各种能力的综合,你要有独立思考能力、提问能力,最好还要有很强的想象力、感受力和同理心。读的书多了,走的路多了,见过的人多了,你的创新能力也会慢慢建立起来。

创新是解决未来不确定性的法宝,想要直面未来,就要刻意培养自己的创新能力。

未来已来,我们没有必要心生恐惧,而是要有一种信念,相信自己能够通过知识和能力的积累立足于新的时代。如果没有这种自信，你很容易在任何一个方向上浅尝辄止，犹豫不前。而在走向未来的每一个当下，持续积累和目光长远都将是我们最好的选择。

# 04

## 人生的要务：
## 建立多元的商业模式

*如何创造财务自由的机会？*

有一次和朋友吃饭，她说自己最近一直在思考几个很重要的人生问题——如果再过十几年，到了四十几岁，我们该怎么生活？是继续靠一份工作为生还是离开企业去自寻出路？什么时候能够实现财富自由，提前退休呢？

和经营一家公司一样，一个人能够在这个社会上生存和立足，往往都有一套自己的商业模式。不管我们有没有意识到个人商业模式的存在，它都一直影响着我们的财富收入。

公平地讲，每个人都有时间的自主权，也就是说我们可以自主决定把时间花在哪里。每个人都能够以不同的方式出售自己的时间，获得相应的收入和资源，而所谓"个人商业模式"，就是一个人出售自己时间的方式。所以，如果某一天，你不再为了生活出售自己的时间，你就实现了财务自由。

大体上,"个人商业模式"可以分为以下三类:

雇员模式:一份时间出售一次;
艺术家模式:同一份时间出售多次;
投资人模式:购买他人的时间再卖出去。

每个人出售时间的方式都千差万别,所以对应的商业模式也不尽相同。接下来,我们就一起来探讨每种商业模式的特点,以及如何优化个人的商业模式。

## 雇员模式

雇员模式是大部分人正在使用的个人商业模式。

比如,你打零工,给别人做家政服务,你就是在零售自己的时间,一个小时给别人打扫卫生,获得单价 100 元的报酬,这些都是按时计费的工作。现在市场上很多共享职业也是这种类型,比如滴滴司机、外卖骑手、兼职家教等。

再比如,你在一家公司上班,朝九晚五,其实就是把自己"一周五天,每天 8 个小时"的时间一次性批发给了公司,公司每个月给你结算一次工资。当然,这种工作的收入比起打零工会好一些。

不管是零售还是批发,本质上都是"一份时间出售一次"。雇员模式呈现出来的是一种"收入—时间"的线性关系，你的收入随着工作时间的增加而增加，这也意味着，如果某天你不工作，你也不会有收入。

社会上大部分人选择的都是"雇员模式"：一方面，这种商业模式的门槛比较低，容易上手；另一方面，在企事业单位工作是个铁饭碗，这是中国人一直以来根深蒂固的观念。

如果以"收入—年龄"来看雇员模式，它往往会呈现如下趋势：

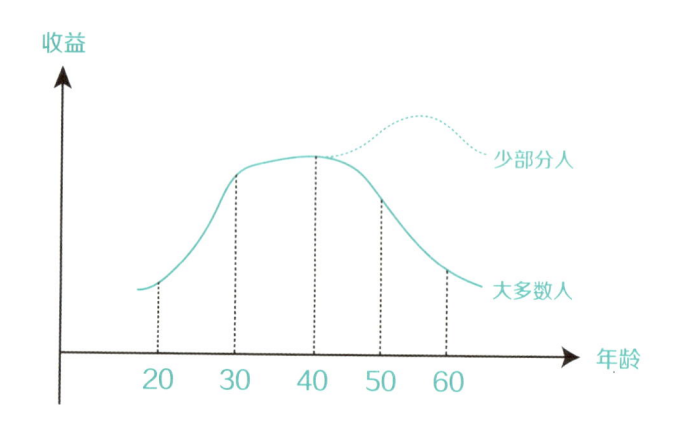

随着年龄渐长，收入大概率会呈现下降趋势，甚至有的人因为年龄关系而被市场淘汰。只有少部分人，因其专业能力和稀缺性收入依然会上涨。雇员模式表面上看起来安全，事实上却容易碰到天花板，它的风险在于，我们的路很容易越走越窄，从而心存焦虑。

如果你只能采用"雇员模式"这种个人商业模式来获得财富收入，你就需要根据"收入 = 单位时间售价 × 时间销售数量"这个公式，从以下两个方面来优化你的雇员模式：

**想办法提高单位时间售价**

最普遍的提高单位时间售价的方法，是接受更高程度的教育，比如，研究生比本科毕业生工资更高，名牌大学毕业的人普遍比高中大专毕业的人工资高。(这也不完全绝对，只是概率更大。)最关键的是我们要在工作中发挥自己的优势，通过自我学习来增强核心竞争力。

当你持续在一个领域里深耕，不断成长不断进步，成为这一领域的专家的时候，你的单位时间售价自然会提高，职业上也会有更好的发展。你在这个行业里积累了经验和口碑，你的收入就会随着年龄的增加而增加。

**想办法提高时间销售数量**

每个人都只有 24 小时，如果要提高时间销售数量，就得延长工作时长，压缩其他方面的时间，比如加班加点没日没夜地工作，但这可能给你带来家庭、健康问题，得不偿失。

我建议大家在工作中抱持一种"为自己打工"的思维——把一份工作做好，其实就等于把同一份时间出售了两次：

一次是把时间卖给了老板，获得了相应的薪水；

一次是把时间卖给了自己，获得了成长，提升了能力。

当你成长了，能力提升了，你自然会获得更多的机会和资源，提高薪资收入也是自然而然的事情。"雇员模式"虽然存在路越走越难的风险，但我们依然要重视它。如果我们能通过精通一个领域，实现物质上的富足，我们就会有富余的时间和资本去构建其他类型的商业模式。

## 艺术家模式

选择"雇员模式"虽然也可以通过自己的努力获很高的收入，但这种商业模式却很容易受到年龄和时间的限制。如果能够突破"雇员模式"，进阶到"艺术家模式"，就能同一份时间出售多次，获得更多的收入，甚至做到一劳永逸。

内容创作者采用的都是"艺术家模式"。最典型的就是作家，他们花费时间和精力创作一部作品，以书籍的方式在各大电商平台售卖，实现了将同一份时间出售多次。

这时候，"收入—时间"之间是非线性关系，在前面的创作时间里，你的收入为 0，但是在你完成作品之后，你就不再付出时间和精力成本，收入却可能源源不断地进来。

除了作家，像摄影家开发手机摄影的教程、知识大 V 发布音频课程、插画师出版插画集、插画 IP 和商家合作推出个性化产品（比如米老鼠的各种周边产品）等，他们的个人商业模式都是"艺术家模式"。"艺术家模式"不受年龄的限制，只要有足够的实力和才华，能够创作出好的作品并得到市场的认可，你就可以一劳永逸，在睡觉的时候依然能够获得收入。

显然，"艺术家模式"的门槛要高很多，如果你不具备实力和才华，就很难采用这种模式来躺着赚取收入。

如何启动个人的艺术家模式呢？可行的方法是发展你的兴趣，构建自己在某个内容领域的实力，然后结合市场的需求来创作出好产品。你可以参考下面根据软件开发流程总结的 DBR 模型来打造自己的艺术家模式。

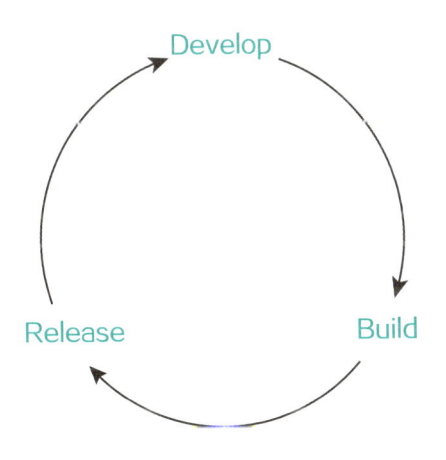

**Develop：发展与内容领域相关的兴趣**

在这一步，你需要好好思考除了工作之外，自己有什么比较擅长的兴趣爱好，而它们正好和艺术家模式相契合。把兴趣和专长当作事业来做并不容易，因为你不确定自己是三分钟热度还是真的如此喜欢，你也不知道自己遇到了挫折是否还能坚持下去。所以你首先得问自己："我想通过做什么为谁解决什么问题？"这其中涉及三种思维的转变：

**消费者转变成生产者**

你很喜欢吃巧克力，但这并不能成为你的事业，因为你只是作为消费者来消费巧克力。但是巧克力研发却是一项事业，这时候你是生产者而非消费者。所以，你要想一想自己在感兴趣的领域是否能有所生产，它是否符合艺术家模式的"一份时间可以售卖多次"。

**从自我到利他**

兴趣爱好常常是用来愉悦自己、舒缓压力的，但是如果你准备把它当作事业来做，就不能随心所欲地自由发挥，而是要为你的客户提供价值，借此来获得报酬。所以，你要从以自我为中心转变为以客户为中心。以画画为例，你享受绘画的过程，但是如果要出版作品，你就要了解市场的偏好、了解你的目标客户是什么样子，以及你能为他们提供什么价值。

**从享受到解决问题**

你的收入取决于你为别人创造了多大的价值，而价值来源于你为别人解决了什么问题。几米创作的漫画让很多人产生共鸣，治愈了很多孤独的心灵；大师的管理课让职场人能够学习工作管理技能；摄影家的培训让很多有摄影兴趣的人有机会发展自己的业余爱好。所以，思考你的兴趣能为别人解决什么问题，这是建立艺术家模式很关键的一步。

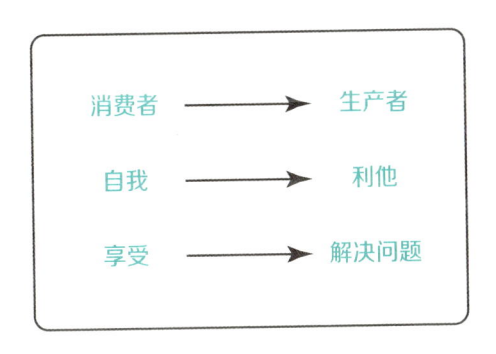

```
消费者  ──▶  生产者
自我    ──▶  利他
享受    ──▶  解决问题
```

## Build：持续构建个人实力

确定了你想要发展的方向，你就要积累相关的知识和技能，打造核心实力，否则你很难为客户创造价值。在这个从持续积累到精通的过程中，你肯定会有厌倦的时候，肯定会遇到一些你不曾预料的困难，但这也是检验你自己是否真的想投身这份事业的试金石。

**Release：发布符合市场需求的产品**

如果你已经学习掌握了一定的知识和技能，就可以开始尝试构建产品。发布产品之后收集反馈，会帮助你调整自己，让个人发展更符合市场需求。

在硅谷的精益创业中，有一个概念叫作"最小可行性产品"。也就是你可以尝试设计发布一个小产品，为你的目标用户创造价值，然后收集反馈进行下一步的改进，让产品不断迭代。使用DBR模型不断迭代产品，你将会在时间的沉淀下构建艺术家模式。

很多人只看到眼下自己的能力无法支撑梦想，但却不曾想过，通过长期的成长和积累，我们的能力也会随之提升，未来实现梦想的可能性也会变大。发展兴趣爱好，不在于现在能不能给你带来收入回报，而在于经过十年二十年，你能不能通过这么多年的积累来精通一门技艺，跨入"艺术家模式"。

## 投资人模式

"投资人模式"是一种更高级的个人商业模式。

个人的时间是有限的，而购买他人时间再卖出去，就相当于突破了时间的限制，增加了自己的时间总量。采用这种商业模式的人，一类是创业家，他们自己组建团队，让成员花时间花精力创造好产品，然后再卖出去；一类是投资人，就是把钱拿去理财，或者投资一些初创公司，购买创业者的时间来产生收益，或者购买一家优秀企业的股票，让优秀企业的管理者来为自己创造收入。

在"投资人模式"里，"收入—时间"所呈现的也是非线性关系，如果以"收入—年龄"来看这种模式，它往往会呈现如下趋势：

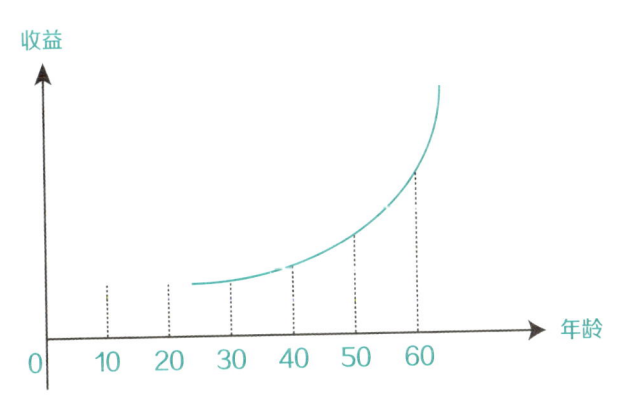

随着时间和年龄的渐长，收入呈现的是一种指数型增长，也就是金钱的复利效应——钱生钱，利滚利。在这个鼓励创业的时代，创业其实是一件九死一生的事情，失败的概率非常高，而作为风险投资人（VC）投资初创公司的门槛也很高，所以对于普通人来说，采用"投资人模式"更好的方式是理财。

选择"投资人模式"是有一些前置条件的：

有一定的资金，并且能给这些资金判无期徒刑；
有投资智慧，建立个人理财投资系统。

如果没钱投资，那么千万不要借钱去投资，因为任何投资都是有风险的，这个世界不存在低风险高收益的投资产品。如果你有钱，你必须能够给资金判无期徒刑，可以长时间不用这笔钱，就算最后投资失败钱没了，你的正常生活也不会受到影响，如此，这些资金才能作为投资资金。

如果你有钱但是不懂理财投资，也千万不要贸然采用"投资人模式"，因为投资是需要智慧的。只有成功构建了一套个人的理财投资系统，你才能为自己的投资行为负责，而不是傻傻地给投资市场送钱，成为韭菜。

关于如何建立自己的"投资人模式"，你可以参考如下建议：

**理性消费，克制自己不必要的欲望**

很多人喜欢提前消费，买一些自己买不起的东西，或者爱慕虚荣，借债消费，这样做往往会让人陷入资产的负循环之中。

**不要负债**

如果有，请尽快把债务还清。负债是人生负循环的开始，请立刻跳出这个陷阱。

**存钱这件事情，越早开始越好**

没有资金是无法投资的，你可以把每个月收入的 10% ~ 20% 固定地存入你的银行账户，作为投资基金。你不会因为少了这笔钱而使生活品质大打折扣，反而会因此积累起自己的第一桶金，让未来有富余的钱去投资。

**给自己选择适合的保险**

人生是可以用概率计算的，所以买保险就是为了防止黑天鹅事件给我们造成无法承受的损失。防患于未然，远比事后补救好得多。

**积极系统地学习理财投资**

我曾经在股市很疯狂的时候去买股票，什么都不懂的结果就是亏了很多钱。所以，在不具备投资智慧的时候，要谨慎选择自己不懂的理财投资方式。一方面，你可以通过阅读经典的投资理财书籍来学习知识，建立对理财投资的深度认知。另一方面，你可以参加一些专业的培训和课程来增加自己在资产配置方面的见识，并且小步实践，积累投资经验。

**为自己的投资负责**

在理财投资的实践中，一定要独立思考，自己做决策。不要相信任何所谓股神或者知名投资人。你可以学习他们的投资理念，但不能无脑盲从别人，否则很容易追涨杀跌，血本无归。最重要的是要有自己的投资逻辑，并且能 100% 为自己的投资负责。最终，我们要建立起一套完善的个人投资系统，如此才能合理规划自己的资产，拥有投资的智慧。"投资人模式"的内核就是投资自己，只有自己成长进步了，才能创造出投资别人的机会。

## 建立多元的商业模式

"雇员模式""艺术家模式""投资人模式"，每一种商业模式都有其特色，但他们之间的关系并不是相互排斥，而是相互影响、相辅相成的。我们不需要因为采用了某一种商业模式而放弃另外一种商业模式，相反，我们应该建立多元的个人商业模式系统。

"雇员模式"能够让我们在某一个领域里成为专家，当你成为一个领域专家的时候，就有了实力和才华，这时候你就有可能在企业之外创造自己的产品，跨入"艺术家模式"。比如，你在一家企业做管理的职位，对于管理有一套系统化的理念和方法，那么你就可以在企业之外，开发关于管理的培训课程，成为一名培训讲师。

大部分人在没有长时间积累的情况下，还是要靠"雇员模式"生存。我见过很多现在很自由的人，他们原来在企业里工作的时候，也能够独当一面。在底层修炼出来的东西，比如靠谱、积极、思维能力等，不管是在"雇员模式"还是在"艺术家模式"，都是通用的。所以，你在"雇员模式"中的磨炼和积累，也会成为你进阶到"艺术家模式"的根基。

另外，当你采用了"艺术家模式"，你会见到一个更广阔的世界，你会和更多的人产生连接，这些人如果和你的工作相关，那么也可以为你的"雇员模式"提供机会。如果你的"艺术家模式"非常成功，你甚至还能组建自己的团队进行创业，从而进入"投资人模式"。就像有的自媒体作者，因为读者粉丝多了，他除了经营公众号，还会接洽广告业务、打造线上课程，这时候组建团队进行创业也就是顺势而为的事情。

此外，我们在"雇员模式"和"艺术家模式"里积攒的收入也可以用来投资理财，从而让自己进入"投资人模式"。反过来，我们在"投资人模式"里赚取的收益，也可以让我们有机会参考各种提升能力的培训，去世界各地旅行，增长见识，这些都能进一步拓展个人的"雇员模式"和"艺术家模式"。

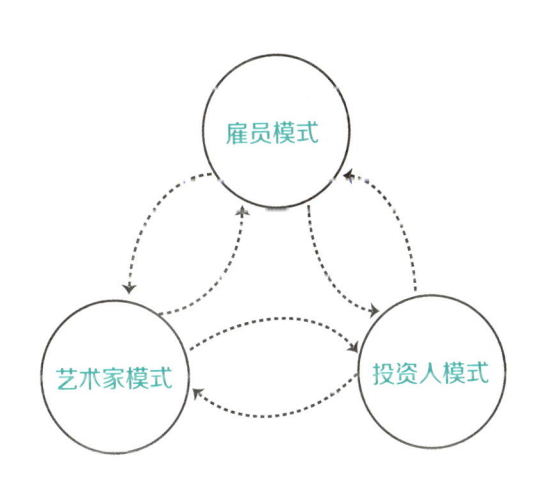

当这三种模式相互促进、相互影响，形成一个自运行的系

统的时候，你就建立了多元的商业模式。当然，如果你的"艺术家模式"和"投资人模式"已经让你实现了财务自由，那么离开"雇员模式"也无可厚非，最重要的是，你能通过多元的商业模式来实现理想的生活。

每个人都需要建立起一套个人多元的商业模式系统，让生活的安全边际最大化。建立多元商业模式，不仅能拓宽收入来源，更关键的是能拓展自己的能力圈，让自己有更强大的实力来面对未来的不确定性。

到了四五十岁，如果已经有了多元的商业模式，你还会担心自己怎么生活吗？当然，罗马不是一天建成的，商业模式的建立需要我们去践行、试错和完善，需要我们用十几二十年的时间来积累。一个人只要有足够的耐心和行动，就能够建立起自己多元的商业模式体系。

# 05

## 成为一个系统驱动的人

借由系统赋能,进入人生的正循环

你看过《狼图腾》这本书吗？它讲的是草原上打狼的故事，在那个盛行打狼的年代，一些人认为，狼是草原人的天敌，给人类造成了很多损失和麻烦，要想过上好日子，就必须把狼消灭掉。生活在草原上的老人却持相反的态度，他们认为"狼是草原的保护神，打了会遭到天谴的"。但是很多年轻人并不相信这种极具迷信色彩的话，开始大规模地打狼，甚至还挖狼窝，把刚刚出生的小狼崽也消灭掉。于是，草原就真的没有狼了。

他们以为把狼消灭干净了就能够过上舒坦安稳的日子，可接下来发生的事情却出乎意料。草原上，先是发生了兔灾，兔子繁殖速度很快，数量呈几何级增长的兔子会跟羊抢草吃，而且兔子窝很隐蔽，牧羊人牵着马或者骑着马通过的时候，马踩到兔子窝就会陷进去骨折，而骨折的马没用了就只能杀掉。

后来是獭灾，数量迅速扩大的旱獭会把大量的草弄到洞里过冬保暖。大量蚊子钻进了旱獭的洞里疯狂繁殖，结果又造成了蚊灾，很多马就因为被蚊子吸干了血而倒下。

这还只是灾难的开始，后面因为人们富余的时间多了，生活清闲了，原来白天放羊晚上看羊圈的生活方式改变了，结果在短短几年，草原人口迅速增加。人口增加导致畜牧业不足以养活当地人，他们就开始开垦草原土地来耕种，以养活更多的人。但是，草原土层薄，冬天风又大，土地很快沙化，草原人只好不断开荒，以至于后来沙化的草原越来越多。

到了这个时候，人们才明白老人说的话：狼是草原的保护神。狼的消失带来了一系列的灾难，归根结底是因为草原人在用线性思维去解决系统问题，非但没有从源头解决问题，反而造成了系统的崩溃。

## 线性思维 VS. 系统思维

所谓线性思维，就是认为输出结果跟输入条件成正比，只要解决了原因就能解决问题。

比如，打印机没纸了，往纸盒里加纸就行了；手机的屏幕碎了，换一块屏幕就好了；一杯咖啡 30 块钱，90 块钱就能买 3 杯咖啡。

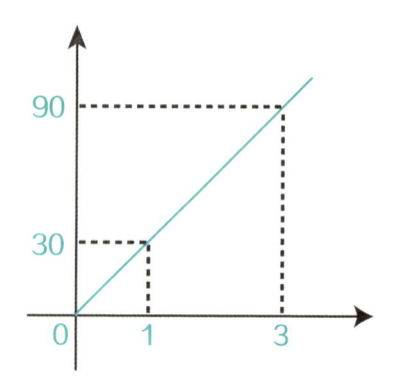

在《狼图腾》的故事里，人们将生活艰苦简单归咎于狼太多了，所以他们就用"打狼"这种线性思维的方式去处理问题，结果在破坏了生态系统平衡之后灾难重重。

这个复杂的世界存在着很多非线性关系，它们不是单一原因的简单问题，而是系统性的复杂问题，需要我们依赖于线性思维的反面——系统思维来解决。

所谓系统，就是由多种元素多个部分组成的整体——各个部分之间以不同的结构关系组合起来，同时作为整体又有一个共同的目标。也就是说，系统一般包含以下三个因素：

元素实体；
各要素之间的关系；
系统的功能或目标。

公司就是一个系统，它里面有各种各样的人担任不同的角色，人与人之间相互协作，推动整个公司的运转，而公司存在的目的就是创造更大的价值，获得收益。在系统思维中，最关键的不是系统中的各组成部分，而是各个部分之间的关系。

相同的元素，组合的方式不同，展现出来的功能也就大相径庭。比如，同样由碳元素构成的石墨和钻石，就因为碳元素的结构不同而展现出了截然相反的特性，石墨很软，而钻石却是世界上最硬的物质。

所以，每个系统都有其自身的结构，其自身结构决定了整体的功能。而我们要解决系统性的问题，就需要从整体入手，通过探索系统的结构和元素之间的相互关系来理解、分析和解决问题。

如果你想减肥，就需要把身体看作一个系统，挖掘身体系统内部的运行关系，从而找到肥胖问题的解决方案。所以真正能够让你减肥的不是节食，而是借助饮食、运动与身体之间的互动规律性，来加速整个身体系统的新陈代谢率。

万物皆有联系，在纷繁复杂的世界中，我们看到的只是表象，而真正发挥作用的其实是隐藏在系统之下的动态互动。

## 系统思维中的反馈回路

《第五项修炼》一书的作者彼得·圣吉说："现实世界是由各种循环所组成的，而我们却只看到直线。"用系统思维来看待复杂问题，就能够避免只见树木不见森林，看清事情的本质。

在一个系统里，所有元素之间的结构关系，都可以抽象为一个反馈回路或者多个反馈回路的叠加，而每个反馈回路都有其特定的功能和作用。

系统的反馈回路有两种基本形式：

**调节回路**

调节回路的目的是让系统趋向于稳定或者达成某个目标。比如，你在控制水温，就需要根据当前水的温度与目标温度之间的差距，来做出调整。

如果你在锻炼身体，希望体重维持在 100 斤，就可以在 100 斤以下选择少一点有氧运动多一点无氧运动，或者选择多吃一点蛋白质类食物。

**增强回路**

增强回路是一个正反馈循环，形成一个闭合环形，它的作用就是强化系统原有的变化态势，让其中的元素不断增强。比如，你有锻炼身体的习惯，这个习惯背后就是一个增强回路：越锻炼，身体越棒，精力也越充沛，而这反过来又会刺激你继续健身。

增强回路既可能让系统往好的方向发展，也可能让系统往坏的方向发展，甚至崩溃。

```
        精力
      ↗      ↘
  身体好  ←  健身
```

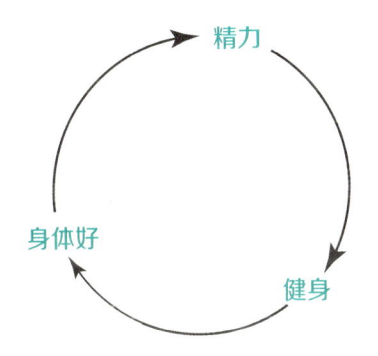

当一个系统拥有多个往好的方向发展的增强回路，它就进入了一个良性循环，形成"飞轮效应"——让静止的飞轮转动起来，一开始要很大力气，但等到齿轮开始咬合转动，慢慢地，飞轮就会越转越快，到后面不用费多大力气，它就会自己转起来。

亚马逊公司就有这样一套良性循环的商业系统。

亚马逊主要有三个业务板块：

第一个是会员服务，就是加入亚马逊会员，可以享受免费送货等一系列服务。

第二个是第三方卖家平台服务，就是亚马逊提供平台给其他商家做生意。

第三个是云服务，提供云端的基础架构设施。

很多人觉得这三个业务有些偏离其自营电商的主业，可是对亚马逊的CEO贝佐斯来说，这几项业务其实通过多个正向的反馈回路形成了良性循环，进而激发出"飞轮效应"。

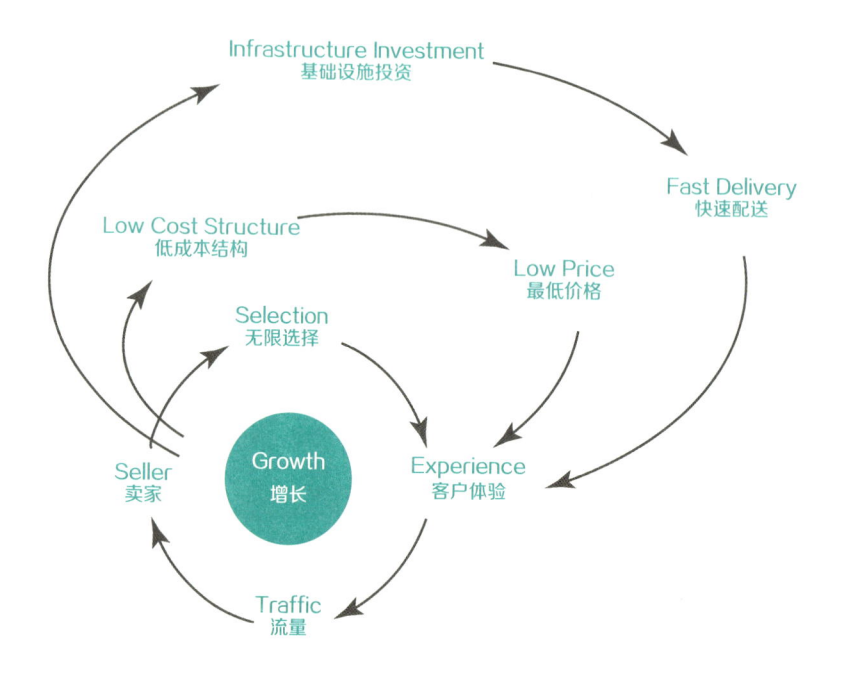

```
                    Infrastructure Investment
                         基础设施投资


                                                    Fast Delivery
                                                      快速配送
    Low Cost Structure
       低成本结构              Low Price
                              最低价格
              Selection
               无限选择

    Seller        Growth        Experience
     卖家          增长           客户体验

                Traffic
                 流量
```

会员业务会大幅提高用户忠诚度。用户既然买了会员，获得了折扣，就会买得更多，消费越多也就越划算。允许第三方商家来卖产品，就使得会员可选的商品增加，买会员服务的用户也会随之增加。亚马逊的客户越来越多，提供的物流、仓储等云服务也越来越完善，也就有更多的第三方商家愿意来亚马逊开店。亚马逊的流量、销量足够大，就拥有更强的议价能力，可以拿到更低的商品进货价，让利给消费者。接着，更多的消费者又会被更物美价廉的东西吸引到亚马逊，成为用户并且购买会员。

刚开始要让亚马逊的这套正反馈循环系统运转起来，其实挺困难，所以亚马逊连续 20 年是亏损的，它需要不断地把营业收入投入到仓储、物流、云计算领域。

经过了 20 年的持续推进，这套系统终于在 2015 年开始盈利，现在年营业收入已经超越沃尔玛，亚马逊也跃居成为世界最大的零售商和综合服务商。

如果你能够构建一套自我增强和调节的闭环系统，你就能够进入持续迭代的良性循环，为自己赋能。

## 用系统思维构建人生的正循环

人这一生，不管是在工作中还是生活中，都存在着各种各样的问题，有些是简单的线性问题，可以用线性因果关系来解决，比如饿了就去吃饭，困了就去睡觉。但现实中我们要面对的更多的是系统问题，很难直接粗暴地去解决。

个人如果能通过系统思维，找到自身核心关键的良性循环，并设法让这个正循环转动起来，他就有机会快速成长，积累势能。

这里以建立写作系统为例，探讨如何构建人生的正循环。

### 明确系统的目标

你首先得要明确自己想要创建一个具有何种功能的系统。比如，写作系统的目标就是能够持续地输出，写出有自己独立思考的文字,这些文字不仅对自己的成长有帮助,也对他人有很大价值。

**确定系统元素**

明确系统的功能之后,你就要考虑和系统相关的元素实体是什么。想要建立一套写作系统,和系统相关的元素就有:

输入:书籍阅读,课程培训,与牛人对话等。
思考:通过独立思考,建立观点和逻辑。
输出:记笔记,画脑图,写感悟,教别人。
分享:把自己的文字分享出去。
反馈:收集他人对文章的想法和反馈。

一个元素是否要纳入系统中,关键在于它对于系统的重要性和必要性。所以你在确定元素的时候,需要时刻意识到系统的最终目标是什么。

**建立系统的增强回路**

写作系统的目标是持续输出,在输出之前要有输入和思考,这时候可以设计出一个简单的增强回路:

输入 → 思考 → 输出 →（循环）

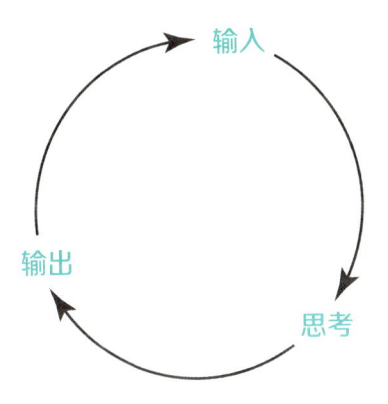

输出之后要分享出去，才能获得反馈，而正面的反馈又会刺激我们更加努力地去思考，进而写出更有价值的文字。我们可以在前一个回路的基础上添加一个新的回路。

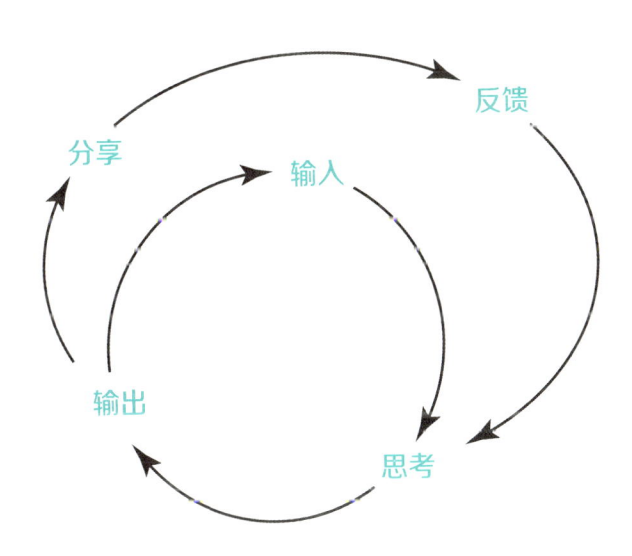

分享 → 反馈 → 思考 → 输出 →（循环）；输入 → 思考 → 输出 →（循环）

这里最关键的是要想一想，系统里的这些元素之间有什么关系，如此你才能把它们连接起来，构成一个环环相扣的增强回路。你平时要多观察和思考不同事物之间的关系，这样才能在构建良性循环的时候更快地洞察其中的增强回路结构。

**设置调节回路，维持系统稳态**

如果在增强回路中发生了意外情况，我们该怎么办呢？这样的逆向思考，可以让你提前设置好调节回路，从而在遇到意外状况的时候能够从容应对。

比如，在增强回路的分享环节，如果收到的都是负面反馈，我们就要针对这些负面反馈进行反思，到底需要哪些改进，如何进行改进，从而进一步去调整信息源和思考方式，并最终回到写作系统的增强回路上来。再比如，输出或者输入的过程中会涉及大量的思考，所以长时间工作会感觉到疲惫，这时候，你就可以喝杯咖啡休息一下，让自己恢复精力，通过这样的休憩你就可以精神饱满地回到写作上来，这也是一个小的调节回路。

最后，整个写作系统的循环回路图就如下所示：

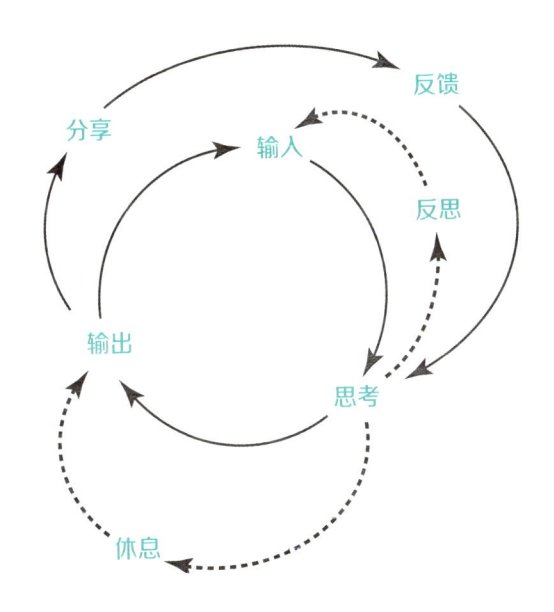

其实,"自我定位闭环系统"也是通过这样一种"功能—元素—回路"的方式而构建起来的,所以你也可以通过前面四个步骤画出不同系统的循环图,比如工作系统、学习系统、投资系统等。

系统循环图并不是一成不变的,你可以根据系统的功能目标来进行调整,添加或者去除一些不必要的元素,重新调整其中的关系回路,最终实现系统的持续优化。

**进入更大的系统,实现自我赋能**

当我们在讨论一个系统的时候,不能只盯着眼前的这个系统,还需要考虑这个系统所处的外界环境是怎样的,以及它和外界环境之间是如何互动的。

就像地球自身是一个生态系统,把它放进太阳系之中就是一个元素,会受到太阳和其他行星的影响,所以我们还需要了解它所处的大系统是如何运转的。当你建立了一个良性循环系统之后,你可以进一步思考:我这个系统能不能融入一个更大的系统中,并且从那个大系统中得到额外的动力和能量?

例如:如果写作系统能够创造一些收入,那么这些收入可以流向理财系统,让理财系统运转得更快;因为阅读系统的一些环节和写作系统里的一些环节相似,可以把重复的环节整合起来,把两个系统的隔阂打通。如果你还有一个工作系统,那么阅读系统和写作系统所带来的写作能力和理解能力的提升,也会促进工作系统的正循环回路,让你在工作上表现得更出色。

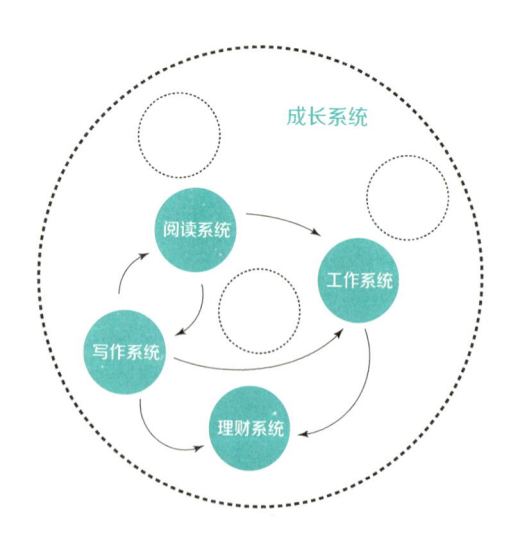

当你把自己构建的一个个小系统整合进一个更大的系统时，你就站在了一个更高的维度，实现了自我赋能，个人能力将会得到全面的提升。大系统一旦建立起来，我们就可以在系统实践的过程中持续通过反馈来对它进行调整和优化，而这就是系统的自我迭代和进化。

## 成为一个系统驱动的人

我有一次跟朋友吃饭，听到这样一句话："我也写文章，坚持了半年，只不过没像你这样一直在坚持写。"言外之意就是："我没和你做得一样好，不过是因为我没有像你一样努力，如果我和你一样坚持，会达到和你一样的成效。"

这是很多人惯有的线性思维模式，得到一个结果，就喜欢简单地归结于某一个原因。事实上，坚持的背后，不仅仅是努力，还有很多系统在支撑，比如写作系统的持续分享，定位系统的目标清晰，情绪调频系统的心境笃定等，这其实是系统能力的体现。

千万不要只看到别人的坚持，那是显性的东西，谁都看得见，你需要洞察背后的系统能力，那才是隐形的关键价值所在。一个人所呈现的一切，其实是层层叠加、长期积累的系统能力的结果。

被系统驱动的人，往往能够给外界提供一种确定性和稳定性，并且有极强的反脆弱能力。即使所处的环境发生变化，他也不会自我崩溃，反而会吸取经验和教训，优化系统能力，增强个人的适应性。如果一个人背后有多套良性循环的闭环系统，他就有了多个成长引擎，这些系统会驱动他不断成长，持续精进。

想要成为一个系统驱动的人，你需要：

> 避免简单的线性思维，掌握整体的系统思维；
> 基于增强回路和调节回路，建立良性循环系统；
> 融入更大的系统，自我赋能，不断优化。

而当你成为一个系统驱动的人时，你就自然而然地进入了人生的正循环，从而能够不断地自我迭代，实现人生的高效能。

# 重构瞬间

▶ 热情是精通的副产品,而精通是持之以恒的专注、努力和不断刻意练习的结果。

▶ 跨界是个人卓越的最佳策略:自我通识教育、建立多元思维模型、迁移学习、积木化组合。

▶ 未来的核心能力:独立思考能力、提问的能力、设计能力、共情能力、创新能力。

▶ 三种个人商业模式:雇员模式、艺术家模式、投资人模式。

▶ 构建个人系统:明确系统目标、确定系统元素、建立增强回路、设置调节回路、融入大系统。

# 第五章
## 内心重建

找到内心世界的平衡,解决同外界的冲突

真正的高手,都有一个强大的内核,
在人生的道场里磨砺心境,感悟生活,
为自己构建一个不念过去、无惧未来的内心秩序。

# 01

## 每个人都有选择一己态度的自由

面对逆境,我们要开启的一种心智模式

**面对人生逆境的心智模式**

不管是谁的人生，有高点，也就会有低点。我们喜欢享受人生的高光时刻，却很难挨过人生的低谷时光，毕竟追求愉悦、规避痛苦都是人的本性，而直面低谷期的郁闷、纠结、迷茫、焦虑，本身就是一件反本能的事情。

处于人生低谷的时候，很多人会消极抱怨，觉得自己无能为力。这其实是在逃避问题，把自己当作受害者。但是不管在任何时候，你都不要忘了，选择权一直在你手里。

美国临床心理学家，意义疗法（logotherapy）的发明者维克多·弗兰克尔，是维也纳出生的一名犹太裔精神病医生，在1942年第二次世界大战期间，他和他的家人都被纳粹抓入了集中营。他与集中营中的其他囚犯一样，不仅要修铁路干重活，还要面对随时可能被关进毒气室或被纳粹分子凌辱的恐怖环境。有一天,他独自被关在狭小的囚室里,忽然产生了一个新的想法——虽然他无法控制所受磨难的痛苦程度,也无法控制何时要面对死亡,但是在内心深处对这些折磨做出什么反应,却是他可以控制的。

也就是说,在所有的境遇中,一个人有选择回应方式的自由和能力。有了这样一种心智模式,弗兰克尔在面对苦难和折磨时,选择了忍受并且积极地应对,从苦难中找到了生活希望他履行的责任——把监狱生活当作一个从事学术活动的良机,他可以研究人们在极端恐怖的环境中的变化。

弗兰克尔重新夺回了主动选择权,不仅跟狱友分享他的研究成果,帮助其他人在苦难中找到生命的意义和自尊,他还设想如果能活着出狱,他该如何把这些知识分享给集中营外面的人。

最终,他不仅积极回应了生活给他出的难题,还自创了一套心理学疗法,成为享有盛誉的"存在 分析"学说的领袖。

其实,我们每个人在生活中都会遇到各种不同的问题,遭遇艰难的困境,此时我们都可以启动弗兰克尔所主张的心智模式,选择一个更好的回应方式,把所谓的坏事朝好的方向去想,从所谓的艰难中发掘磨砺内心和锻炼能力的机会。

在《蜘蛛侠》的电影里,有一句台词是"You always have a choice"(你一直都有选择),而在生活中我们也要谨记自己一直都有选择的自由。

## 重塑心智的三种心态

人生漫长，踩过几个坑，遭遇几次不公，碰见几个人渣，再正常不过了，关键是你在面对人生低谷的时候，抱持的是一种怎样的心态：是继续踩坑，还是爬出泥沼？是自怨自艾，还是适应环境？是受伤之后的自怜，还是认清真相之后的自省？

要塑造一种直面逆境的心智模式，则需要我们在生活中拥有正确的心态。什么叫心态？心态就是你为人处世看待事情的态度。人往往不是被事情本身所困，而是被对事情的看法和态度所困。

在低谷期越能够处事不惊，从容应对，就越能够突破自己，成就人生的新高度。就像弹簧一样，被压迫得越厉害，到达的低点越低，反弹的动力也就越强。在人生的高光时刻，我们可以尽情欢愉，而在人生的低谷时刻，我们则要拥有正确的心态，为自己的未来积蓄势能。

### 心态一：当下不杂

处于人生低谷，最容易发生的状况就是内心五味杂陈，各种情绪肆意滋生。

凭什么要针对我？为什么运气这么差？为什么倒霉事都发生在我身上？

各种声音此起彼伏，让你无法面对过去的遭遇，不肯承认自己已经身处深渊。可是这样的挣扎不仅毫无用处，反而更加让人心烦意乱，无法前进一寸。

曾国藩曾有一句箴言："未来不迎，当下不杂，既往不恋。"所谓当下不杂，就是在遇到事儿的时候，该干吗干吗。倒霉了，失恋了，被裁了，有的人可能要连续十天半个月才能缓过劲来，期间浑浑噩噩，死气沉沉。当下不杂的人，可能也需要花个十几分钟处理好自己的惶恐和失望，但更重要的是，他会跟自己对话，安抚自己的情绪，他会理性思考，做好计划应对困境，然后继续好好吃饭，好好睡觉，自律地生活，这才算是真正地管理好自己。

在面对低谷的时候，真正能够打破僵局的人，都有一种当下不杂的心态，他拥有一种稳定下来的能力，不会被负面经验和情绪所牵绊。

**心态二：事上磨炼**

一个人在一帆风顺的时候，总是对自己充满自信，感觉凡事都能处理得当，独当一面，但是真要遇上点事儿，我们往往就会发现自己定力不够，手忙脚乱。

王阳明的弟子陆澄有个困惑：静坐用功，觉得此心异常强大，甚至想着如果遇到某某事，必能轻松解决，可一遇事就懵了，真是烦躁。王阳明对陆澄说："人须在事上磨，方立得住，方能静亦定，动亦定。"

所谓"事上磨"，就是人要在行动的过程中，磨炼自己的心智和能力。拥有"事上磨"心态的人，总是能够在人生低谷的时候看到希望，能够把当前的困境当作一次个人成长的机会。

一旦有了"事上磨"的心态，我们就能够找到提升自己的机会，很快走出低谷，化悲痛为力量。如果面对艰难，我们选择的回应方式是逃避，得过且过，那么我们肯定会在之后的工作生活中一而再再而三地遇到同样的问题，因为我们并没有解决生活给我们安排的难题。相反，如果你能从问题中发现生活的另一层意义，愿意用当下的困境来磨炼自己，你就能找到解决问题的答案。

**心态三：积极主动**

当你来到一家新公司，大家分工不明确，而你觉得自己在职位和能力上，可以担任项目经理的角色，你会怎么做？是等着老板发现你的才能，还是积极主动地去跟老板谈谈自己的想法？

现实中很多人会选择前者，因为我们习惯性地认为主动争取是一件出风头的事情，害怕别人评判自己。这是一种错误的认知。我们很多人不敢前进一步，就是因为害怕失败。

一旦找到了生活困境中积极的一面，我们就应该主动采取行动，而不是停滞在过度的思考中。只有行动起来，我们才能真正地改变现状。有个学心理学的人分享过一个他克服失眠的方法。他每次失眠之后根本就不焦虑，反而对自己说："这下太好了，我又有时间可以学习了，干脆在睡不着的时候看看书，增加一点学识。"然后，他就会起身倚靠着床头，拿起一本书来读。由于内心放松，过了一二十分钟睡意就来了，很快就能安然入睡。在面对问题时选择积极主动的心态,不仅让他的失眠得到了缓解,还让他有时间阅读。

在你的人生中,最重要的不是如何维持你的高光时刻,而是如何面对你的低谷。毕竟人生的起起伏伏是必然的,关键是拥有一个良好的心态,让人生曲线的低点不断抬高。

# 02

# 中庸，人生的第三种选择

世界并非总是非黑即白

## 自卑与自负之间,你的第三种选择

自卑的人,做事缩手缩脚,不敢如实表达自己,总是忍气吞声;而自负的人,则常常太把自己当回事,喜欢斤斤计较,甚至看不到别人的好。其实不卑不亢的处事之道,才是对自己最好的交代。

当我们不把自己放在很高的位置时,我们就会有包容心,懂得尊重别人;当我们不把自己放在很卑微的位置时,我们就会从容淡定,无惧变化,勇于承担责任。实际上,自卑和自负是有机统一的。过度自负的背面,隐含的恰恰是一种自卑。针对自卑情结,人会使用补偿机制来对抗,也就是说对于某种不适感,人会通过强化其对立面的感受来将其抵消,比如,通过外在自负带来的兴奋和积极来抵消内心自卑的灰心和沮丧。

而不卑不亢，折射出的是一种独立自由的精神状态，它是我们在自卑与自负之间的第三种选择。

苏格拉底虽然学富五车，但是很少会打着权威的旗号向别人灌输他的想法。他总是装作什么都不懂的样子，采用提问的方式让受众讲出自己的想法，然后再不断地提出启发式的反问，让别人发现真理，获得知识。

这种不骄傲不自大的谦卑态度，让他成为智慧的助产师，而不是一个布道者，也让更多人感受到了他知识的渊博。

此外，当外界与自身信念相悖之时，苏格拉底也不卑躬屈膝，而是无惧危难。在苏格拉底 62 岁那年，雅典人跟斯巴达人爆发了一场战争。雅典海军在海战中获胜，但是因为一场大雨耽误了打捞阵亡将士的尸体。这引起了死者家属的不满，于是法庭判决了所有十位将军死刑。苏格拉底独自一人反对这个判决，他认为因为个别人的失误而判所有人有罪是不公正的，作为 500 人元老院的一员，他拒绝表决，也因此得罪了一些反对派人士。

不卑不亢的精神状态就是不自以为是也不自怨自艾，懂得拿捏为人处世的尺度。在这种状态里，若这个世界给了你正反馈，你可以心平气和地接受，不因此而趾高气扬；相反，若这个世界没有给你正反馈，甚至给了你负反馈，你依然能心平气和地接受，而不因此灰心丧气。

## 何为中庸之道

不卑不亢的处事方式,其实是一种中庸之道。说起中庸,大家都会以为是对两种状态的折中,比如,不卑不亢就被认为是对极端自负和极端自卑的折中。这种理解显然是不对的。

在儒学里,中,即中正,庸,即恒常,将它理解为类似折中或者和稀泥,是极大的误解。人活着,就是要达到一个自然平衡的状态,不偏不倚刚刚好,而中庸就是在两种力量之间保持一种动态的平衡,找到最恰当的那个点。

哲学家叔本华讲过一个寓言,叫作"刺猬效应",它就是中庸的一个典型例子。两只刺猬在冬天的时候为了取暖,就想抱在一起。但是当它们抱得太紧的时候,自己的刺就会刺伤对方。既要取暖,又不能刺伤对方,所以这两只刺猬就需要在拥抱对方的力度上找到一个中庸的点,让它们处于一种最佳的相处模式之中。

只有在心智和行动里拥有一种必要的张力,并且保持这种张力,你才能做到中庸。

这种张力会让你客观地看待周围的人、事、物,以一种更加成熟的心态去面对和解决生活中的问题。不管环境如何动荡,你都可以维持自身的平衡态,从而营造和谐的人际关系,避免内心的焦虑和不安。

美国密歇根大学的政治学家阿克塞尔罗德曾经探讨过一个问题,在多次博弈中,什么样的策略最有效?他在全球范围内征集一种计算机游戏程序,最后选择了 14 个程序参与竞赛。每个程序都用一套自己的规则，与其他程序各进行200轮对局。在每轮对局中，都会有各种选择。你可以选择和我并肩作战，击败别人，也可以在跟我合作的时候，趁我掉血严重暗算我；你可以选择遵守承诺，也可以选择要点心机，不按契约行动。这样循环比赛下来，最终胜出的游戏是一个叫阿纳托尔·拉波波特的人设计的，而他的游戏规则非常简单：

> 我选择相信所有人都是好的，总是释放善意，总是选择合作；如果别人跟我合作，我就会兑现自己的承诺；如果对方选择背叛，我就会选择惩罚你，绝不姑息这种不忠的行为；如果你后来选择跟我合作，不再背叛我，那么我就选择宽容，重新跟你合作。

这个策略叫作"Tit for Tat"，意为"以牙还牙"，看似简单，却蕴含着中庸的大智慧。**它不是让人一味地善良软弱、毫无底线，而是让善良自配一副铠甲，具有透明可行的原则，从而能够在软弱和强硬之间找到一种恰到好处的平衡。**

这其实和不卑不亢的处事之道一样，让自身变得灵活有韧性。秉持这样的信念，既不会因为对方的强势而懦弱，也不会因为对方的单纯而自以为是。

把这项策略用于人际交往中，你就秉持了一套有迹可循、简单透明的行为方式，长此以往，别人会放弃对你的揣测，对你建立起一种稳定的判断和认知。而这种稳定的认知，可以降低沟通成本，让彼此之间的合作更高效。

不管是不卑不亢，还是聪明的善良，其中的中庸之道，不仅仅能够让我们获得一种平衡，还能够让我们在变化无常的生活之中维持一种简单真实的人格稳态，以不变应万变，从而获得持续的人生平衡。

## 善用中庸之道，做复杂时代的智者

世界并非非黑即白，而中庸之道就是在两种截然相反的观念和力量之间，找到更为明智的第三种选择。在复杂时代里，我们更应该做一个有智慧的人，尽力达观，保持中道，建立一种中庸的心智模式。

### 双赢思维

在职场和生活中，我们很容易产生你赢我输、你死我活的对立心态，而我们的人际关系往往有以下四种状态：

|  | 短期利益 | 长期利益 |
| --- | --- | --- |
| 双赢 | ✓ | ✓ |
| 双输 | ✗ | ✗ |
| 我输/你赢 | ✓ | ✗ |
| 我赢/你输 | ✓ | ✗ |

在后面三种状态里，一个人会生出严重的攀比心，而这会造成思维错位，让他见不得别人的好，把别人想象成竞争对手。看到一个女生长得好看，就会想说，你长得好看又怎样，反正没有学识；看到一个身材很棒的男生，又会想说，肌肉这么发达，肯定头脑简单。

无法看到别人的好，自然也不相信自己可以从别人那里学到东西。但是如果你用一种双赢思维来看待自己与他人的关系，我们就会进入"我很好，你也很好"的人生阶段。双赢思维就是一种中庸之道，让我们在输赢的世界里找到第二种选择，获得更为持久的互利关系。

而要建立双赢的思维，你需要做到以下几点：

换位思考：
从对方的角度看问题，真正理解对方的想法、需求和顾虑；
定位分歧所在，找到缘由：
认清主要的问题，不要以自己的立场来以偏概全；
找到大家有共识的部分：
确定大家都能够接受的结果，从而求同存异；
试着创造第三种选择：
确定实现这种共识结果的可能路径。

## 从对立到平衡

"我 28 岁,应该先去实现人生价值,还是先生个孩子?"一个问出这类问题的人其实有着根深蒂固的非黑即白式思维,似乎人生中只有二选一这样的决策模式。既想要实现人生价值,又想早点有个孩子,这两件事情看起来是对立的,但是可以换一种中庸的视角来问自己:怎样才能让我既拥有一个孩子,同时又能实现人生价值呢?只有将对立的视角转换成平衡的视角,我们才会真正地开启第三种选择的思考。

一个图书馆里有不同的阅览室,每个阅览室里每个人对于是否开窗有不同的偏好。有人打开窗户的时候,就有人想要关掉它,而这种对立的状态很容易引发冲突。

怎么办呢?单方面决定关窗或者开窗显然不能满足所有人的需求。最后一个人通过数据分析,发现愿意开窗和关窗的人,比例大概是 6∶4。如果这个图书馆一共有 10 个阅览室,就可以设置 6 个开窗的阅览室,4 个不开窗的。这样,不可调和的矛盾就解决了。

很多事物看起来是对立的,但你却可以从平衡的视角来找到解决之道。

## 向内看,也向外看

认识自己很重要,但这并不意味着你只能看自己,而不去看这个世界。

复旦大学哲学系博士陈果老师在她的《幸福哲学课》上说："一个完整的人,他一定有两只脚——认识世界和认识自己。一只完整的鸟,一定有两个翅膀——理性和感性。缺了其中任何一个,你都是残缺不全的,你都是不健康的,你都不可能活得很美好,因为你会失去人生的平衡。重要的是,尽力达观,保持中道。"从小到大,我们都会听到各种各样的声音和观点,教我们如何做事、怎样做人,但似乎听得越多,我们反而越难拿捏为人处世的分寸。

更值得借鉴的方式是兼听各方的意见,保持达观,同时探寻自己的心声,选择中道。听大多数人的话,参考少数人的意见,做自己的决定,这才是中庸之道。

# 03

## 心流与留白，
## 持续构建理想的生活模式

幸福感来自内心的井然有序

有这样一个心理学实验：在一天的不同时段里给来自83个国家的约5000名志愿者发送消息，让他们记录自己的所思所为，然后回答三个问题："你觉得心情怎么样？""你想的事情是正在做的事情吗？""如果不是，那么你想的事情是愉悦的、令人不快的还是中性的？"

研究发现，人们在醒着的时候，脑袋里想的常常不是他们正在做的事，大约有47%的时间都在做白日梦、回忆过去或是计划未来，这些幻想也许能够激发创意或者灵感，但是却会产生情绪上的波动，极大地削弱做事情的专注力。

心理学家研究得出的结论是，当人们心里想的事跟做的事一致的时候最快乐。

人类的大脑里容易塞满各种各样的念头，来去不停，在这样的状况下，我们的内心如同翻腾的沸水一般，混乱无序，而焦虑、担心、不安的情绪也会不断滋生蔓延。

积极心理学专家米哈里·契克森米哈赖在他的著作《心流》一书中，把这种内心混乱无序的状况称为"精神熵"。熵是指一个系统的混乱程度，越混乱，熵值越高。就像不同形态的水，当它是固态冰的时候，水分子就会相对固定地在一个位置附近振动，系统比较稳定，熵值比较低。而当冰融化成水，变成液态的时候，水分子开始流动，熵值就变大了；而当我们把水煮沸，水变成水蒸气之后，水分子就四处乱窜，熵值就更大了。

对于我们的大脑系统，内在的念头越有秩序、越有规律，精神熵就越低，反之，精神熵就越高。如果一个房间混乱得跟垃圾场一般，一方面我们会感觉到不舒适甚至烦躁，另一方面我们做事的效率也会随之降低，因为混乱和无序需要我们花费更多的时间在寻找东西上。

我们的内心世界也一样，如果长期不清理，精神垃圾只会越来越多，精神熵也会变得越来越高。结果内心深陷于各种焦虑不安的情绪之中，生活离幸福也就会越来越远。

所谓幸福感，其实就是内心的一种动态的井然有序，精神熵非常低，所有的念头都相互支持，步调一致，就像一条充满能量的河流，徐徐流淌，充实而富于动感。要获得幸福感，就需要构建出与内心混乱无序的高精神熵状况相反的心理状态，也就是"心流"。在心流体验中，我们可以掌控自我的意识，重塑内心的秩序，甚至进入忘我的境界。

真正的幸福，其实是当你全心全意投入一件事情，把自己置之度外的时候所获得的副产品。

## 如何创造生活中的心流体验

有人以为追求幸福就是追求更多的财富、权力、地位，殊不知这些外在的东西并不可靠，随时可能发生变化。如果我们依赖于这些外在刺激来达成内心的幸福，一旦外界发生变化，我们就会陷入无尽的痛苦之中。

纵观人类的发展史，从古至今，人类的生活水平不断提高，财富地位不断攀升，但幸福感却并没有得到相应的提升。相反，在这个信息发达的科技时代，人们面临着更多内在的失序和混乱。

生活中的幸福感从来不是来自外在物欲的即时满足，而是来自内心井然有序的心流体验。

那么，我们该如何在日常的生活中构建心流体验呢？

**设立一个合适的目标**

在前面有关"自我定位闭环系统"的文章中，我已经详细阐述了如何通过 SMART 原则设立一个合适的短期目标。而在这里，我们将从构建心流体验的视角来为自己设立目标，为生活提供方向感。

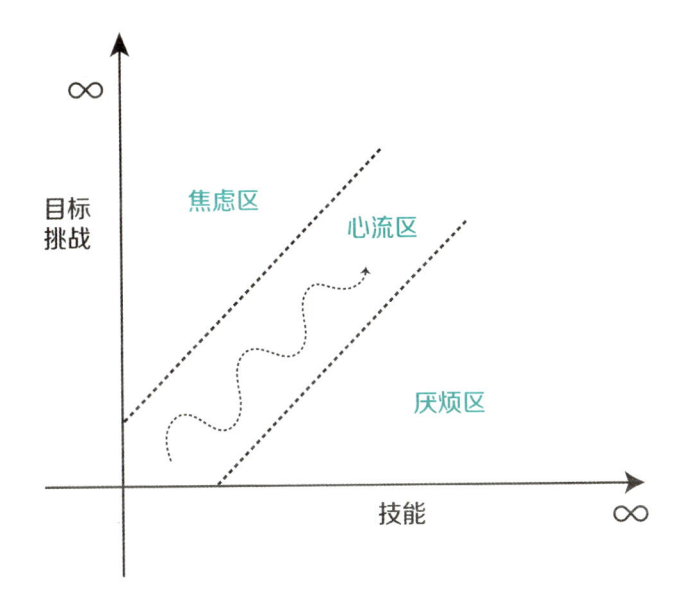

```
        ∞ ↑
目标      │   焦虑区
挑战      │          心流区
          │
          │                厌烦区
          │
          └──────────────────→ ∞
                    技能
```

如上图所示，当我们所面临的挑战和自身的技能相匹配的时候，我们就落在了心流的体验区。这时候，我们能够发挥自己的技能迎接挑战，全身心地投入到目标的达成中去。

对于一个学网球的人来说，如果他的对手是一个职业球手，挑战就太大了。即使他付出了很大的努力，也没有办法战胜对手。面对这样的对手，他会感到焦虑，从而离开心流区，落在了焦虑区。这时候，我们就需要降低目标的难度，给他找一个合适的对手，让他能够通过努力完成挑战，重新回到心流区。

而如果他的对手是一个不会打球的小孩，他就容易感觉到厌烦，从而离开心流区，进入了厌烦区。这时候，他就需要把目标设置得高一些，让他能够有热情为更大的挑战而打磨技能，重新回到心流区。

所以，目标应该和我们的能力相匹配，如此我们才有可能在达成目标的过程中找到成就感，获得挑战的乐趣，进而提升幸福感。

**专注力是造就心流的关键**

除了设定一个与自己能力相匹配的目标之外，另一个造就心流的关键点，就是管理好我们的注意力。当你特别专注地做一件目标明确又有挑战的事情，而你的能力又恰好能接受这个挑战时，你就会进入心流的状态中。

一旦你能够专注于整个过程，不受外界的干扰，没有内心的焦躁，你就会忘记自己，忘记时间的流逝。你的感觉会非常敏锐，能够捕捉到所有与当下这件事情相关的信息，不管工作多复杂你都会毫不费力，而且有强烈的愉悦感和幸福感。想要进入心流的状态，专注地投入正在做的事情，是一个必不可少的前提。（关于如何提升专注力，你可以回顾第一章第四节的内容。）

当你对工作中的事情了如指掌、应付自如的时候，能不能主动给自己设定一个更具挑战的目标，然后让自己专注其中，获得新的工作成就感呢？

当你对千篇一律的生活感到厌烦的时候，能不能在日复一日的忙碌中主动给自己设定一个新的目标，比如绘画，专注其中，充实和丰富自己的幸福体验呢？

我们总是可以在生活中找到构建心流的机会，最好的方法就是专注于一件目标明确而又有挑战的事情。

**塑造自得其乐的性格**

对于心流体验中的全神贯注，很多人都存在一个认知误区，以为这种专注需要耗费很大的心力。但是积极心理学家契克森米哈赖通过实验证明，专注的状态反而会减轻脑力负担——心流体验较强的人，能够关闭其他资讯的管道，只把注意力集中在接收对实现目标有帮助的信息上。这时候，他们可以把不相关的资讯抛在一旁，集中注意力反而会让他们更轻松。

就像你一直在玩手机，刷朋友圈、微博、抖音，专注力涣散，这时候看似在放松，但因为大脑要处理的信息混乱繁杂，精神高度紧张，脑力负担反而加重了。能够管理好心智秩序，进入心流体验的人，注意力都极具弹性，这与很多人不由自主地被外来刺激所吸引形成强烈的对比。注意力极具弹性，就是在生活中自得其乐。会自得其乐的人，在各种情况下都能找到乐趣，他们有能力对外来的刺激进行筛选，只注意与自己目标和兴趣相关的事物。

《心流》这本书中讲到一个有趣的例子。一位名叫桃乐西的妇人，在丈夫去世、儿女都成年离家之后，搬到了一个孤寂的小岛独居。她在居所周围种花，布置花园，还自得其乐地在树上贴标语牌，上面写着打油诗、老掉牙的笑话以及指示她住处的漫画。而她一年到头的日程安排也很紧凑。5点起床，看母鸡有没有下蛋，挤羊奶，劈木柴，做早餐，洗衣缝纫，钓鱼……而在漫漫长夜，桃乐西会专注于阅读和写作，她书架上的书包罗万象。偶尔她也会到都市里购物，夏季因为有渔夫到访，她又会与到访者积极交流。桃乐西似乎很喜欢人群，但她更喜欢管理自己的内心秩序，充分把握自己的世界。

桃乐西就是那种会自得其乐的人。

自得其乐的人，不会把孤独或者困苦看作天大的不幸，相反，他们会设法调整自己的注意力，将其投注于自己设定的目标之上，这样他就能实现自己内心真正渴求的愿景，并能够从中获得技能和乐趣，创造出属于自己的小确幸。要拥有幸福的能力，就要懂得管理自己的心智能量，通过心流来培养自得其乐的性格。

这种内在的自得其乐，会让我们自如地在生活中构建心流，有意识地管理内心的秩序，进而提升生活中的幸福感。反过来，你的心流体验越多，也就越能够形成这种自得其乐的性格。在心流的状态中，我们专注于一个方向明确的目标，不断地对自我局限发起挑战，内心洋溢着满足感和成就感，幸福就会自动达成。这种幸福感正是心流体验的副产品。

法国土鲁斯主教富尔克曾说："创造者才是真正的享受者。"而想要享受生活中的幸福，就需要让自己成为幸福感的创造者，在日复一日的平凡生活中，为自己创造持续的心流体验。

## 留白：集中思维 VS. 发散思维

专注的努力能够给我们带来心流体验，收获极大的幸福感，但是我们不可能一直停留在心流的状态里。

在知乎上看到了一个话题："突然不想努力了怎么办？"问这个问题的人，肯定是个努力的人，至于内心的挣扎，要么是对生活千篇一律的厌倦，要么是对疲于奔命的现状的迷茫。说实话，一刻不停地做事，不给自己喘息的机会，往往也很容易因为计划生变而焦虑失落。这样快节奏的忙碌并没有给我们带来更多的幸福感，随着日复一日的坚持，生活反而变得更加冷漠、无趣。

把时间都填满的生活，就像是气充得太足的氢气球，飞得越高，内部的压力越大，爆炸随时可能发生。其实，真正有智慧的生活，除了繁忙中的专注，还需要闲暇时的留白。就像很多中国的山水画，浓墨重彩之外总是留有一些空白，这不仅使整幅作品的布局更加协调，还给欣赏者留有想象的空间。

我们的大脑，有着两种重要的思维状态：

集中思维；
发散思维。

一个外部信息进来，我们会立即在大脑中给这个信息定位，专注思考，快速处理，这就是集中思维。在工作中处理一个专业问题，在生活中读一本逻辑性强的书籍，或者自己钻研一项技能、探索一门学问，这些都需要集中思维的专注，任何分心都会让我们的大脑降低效率。集中思维是把新想法集中在大脑的特定区域进行思考，渐渐形成定式，也就是我们常常说的套路。套路对于新的场景往往具有局限性，需要用发散思维来弥补。

发散思维是一种全局思维，能够让外部信息在大脑的各个区域游走，所以新的想法随时可能会冒出来。其实，生活中的留白，就是让我们的大脑处于闲置的状态，不专注于解决问题，进入"默认模式网络"（default mode network）。

这时大脑会重新发掘过去的记忆，在过去和未来之间畅想，然后把不同的想法连接起来。这种遥远的连接，就是发散思维，它是创造力的来源。所以，基于过往的经验积累在生活中留白，不仅能够让我们获得意外的灵感，还能够让我们获得更强的自我意识，提升自尊，并且能够更理解别人，更好地与他人合作。

在认知的过程中，集中思维模式在学习的初期和稳定期非常重要，而在不断巩固和回顾的过程中，则需要交替使用发散思维模式和集中思维模式。

## 留白是一种战略性休息

生活需要留白，并不是说人生完全松懈下来，不再积极进取。留白是让我们在奔波劳累之余，卸下身上的包袱，在生活中觅得一处心灵栖息之地，适当把心放空，从而能够积聚新的能量。

让我们来做一道测试题。在以下几种休息活动中，你认为哪个效率最高？

> 给身体补充点营养，吃块饼干，喝杯咖啡。
> 上会儿网，读读新闻，看看朋友圈。
> 放松：什么都不干，做做白日梦，伸展一下身体。
> 社交：和旁边的同事、家人、朋友聊聊天。

我相信很大一部分人的休息，就是前面两个活动，给自己倒一杯咖啡，再来一袋薯片，然后开始低头刷手机。可是，上网和喝咖啡不但不能让我们更好地休息，反而会让我们变得更累。我们休息的目的，其实是为了重新恢复体力和脑力，其中很关键的是恢复两个资源——注意力和意志力。上网读新闻、刷朋友圈，会极大地消耗我们的注意力，而判断信息是否有用、你是否感兴趣、是否要点击，则会极大地消耗我们的意志力。

所以，上面四个活动中，最好的休息是什么都不干，或者找个身边的人聊聊天。和很多高刺激性的娱乐活动相比，这些活动不但不会消耗我们的注意力和意志力，反而会让大脑得到充分的休息，让精力得以恢复，以便更好地应对接下来的工作。科学地休息，就是在合适的时机给自己充电，让自己保持思考的敏锐和身体的敏捷，成为真正的高效能人士。

《哈佛商业评论》曾刊载过一篇文章，介绍了一个为生活留白的办法，叫作"积极的建设性白日梦"（positive constructive daydreaming），简称 PCD。它要求你找一件不需要费力去做的事情，比如散步、修剪花草之类，然后在大脑放松的情况下，主动去想点好事儿，比如在游乐场穿梭、期待发生的事情，或者纯粹做个白日梦。这些想象会让你的大脑迅速恢复能量，增加创造力，甚至还能提升领导力。

而英国萨塞克斯大学在 2009 年的研究指出，轻松温暖的阅读，也能让我们从令人烦躁沮丧的压力中解脱出来。只要安静地坐下来读上 6 分钟的书，就能减轻 68% 的压力，效果甚至比听音乐、散步，或是喝茶更有效，而这无疑也是我们为生活留白的一种好的方式。

其实，做一些自己感兴趣的事情，暂时远离信息爆棚的朋友圈和繁忙的工作，给自己留出一部分空白的时间发发呆、做做梦，这就是在给生活留白。忙碌并不等于高效，有时候给生活留白，跟自己独处，反而能让我们走得更远。

## 最理想的生活模式

每个人都有自己的周期性，既然有高点，就会有低谷，这些都很自然、很正常。突然不想努力了，不过是你正在经历周期性的低谷阶段，而这个阶段看似艰难，却正是你重新蓄势的阶段。

这个时候的你，完全可以让自己慢下来，不像过去那样拼命努力，而是悠闲地让自己放松一下，和朋友们小聚，谈天说地，或者拿起一本喜欢的书，沉下心来静静地阅读，更可以漫无目的地发散性思考，迷失在有趣的想象之中。

最重要的，是为生活腾出一个空间，让自己有时间平复浮躁不安的内心，从而继续淡定地面对将来的未知。梁文道先生曾说过这样一番话："读一些无用的书，做一些无用的事，花一些无用的时间，都是为了在一切已知之外，保留一个超越自己的机会，人生中一些很了不起的变化，就是来自这种时刻。"

生活中，我们总是可以停下来，静一静，想一想，没有急切，没有压力。而这些难得的留白时光，其实就是在为我们创造自我改变的机会。

最理想的生活模式，是心流体验和留白时光的交替。在你工作、创作的时候，屏蔽干扰，将精力集中于眼前的任务，在挑战和专注的过程中构建心流体验，从而不断获得成就感和愉悦感。在休息的时候，给自己制造留白的空间，让大脑在放松的状态下产生新的火花和灵感，给内心一次清理和重建的机会，这会给生活带来更多从容和趣味。真正的高手，总是会时刻关注自己的状态，在该工作的时候全力奋斗，在该留白的时候科学休息。

而其中最关键的，是有意识地控制自己的注意力，自主决定专注和放松，让心智在心流和留白之间自如切换，构建内心的动态的井然有序，收获生活的幸福感。

# 04

## 臣服，一种随遇而安的生活信念

*心想事成的最大阻碍，是你的执念*

每个人都有对生活的期待，可人生不如意之事往往十之八九。我过去写文章，思绪总是会被各种执念所填满——希望自己的思考足够深入，希望文章大受欢迎，希望能够得到更多人的认可和分享。我不是全力以赴地去写出自己的想法和理念，而是在与自己的各种期待和执念博弈，最后写出来的东西反而让人失望。

其实，好的结果不是期待出来的，而是做好了自己之后的副产品。之所以称之为副产品，是因为期待的结果不应该成为我们生活的唯一重点，而应该只是我们在做好该做的事情之后的锦上添花。所以面对目标和理想，你要做的不是天天期待着它哪天会实现，执着于它应该如何、它必须怎样，而是摒弃掉内心的执念和期待，让自己全力投入到现在该做的事情上，一步一步地做好眼下的事情。

我们对于身边的人、事、物，也总是会有这样或那样的期待，期望它们都按照我们头脑中的设想来运转。一旦没有如我们所愿，就会引发各种负面情绪。**执念就是一剂毒药，让我们对未来上瘾，同时也将我们带离了最有力量的当下，它的背后是对现状的不满，是对未来的恐惧。**而这种焦虑恐惧的心绪，会把我们引向内心矛盾和冲突的死胡同。

牛津大学历史学博士尤瓦尔·赫拉利在《人类简史》这本书中从历史的角度对快乐和幸福进行了探讨。尽管人类的科技在进步，物质生活极大丰富，但我们的幸福快乐并没有同步提升，反而是下降了。赫拉利说，内在的幸福感，不是去追求外界的物质，不是去追求舒服的感觉，而是在面对各种不确定性时，依然能够获得内在的宁静——虽然感到痛苦，但不觉得悲惨，虽然感到快乐，但不打扰内心的平静。

这就是一种无期待无执念的生活，不以最终的结果作为判断自己成败与否、幸福与否的标准，而只是做好自己力所能及的事情，去经历无常世界里的悲欢离合，然后在这个过程中，为自己构建一种不念过去、无惧未来的内心秩序。

## 臣服是一种超越心智的力量

对于遇到的人、发生的事，我们都有一套基于过往而定义的判断标准，而对生活的期待，被框在了我们习以为常的认知里。

一旦我们只有眼下所期望的那种可能性，就自动屏蔽了所有其他的可能性。**我们最自不量力的，就是以为自己知道了生活的全部真相，而活在期待中，其实就是一场自设的困兽之斗。**

因为自知局限，所以顺其自然；因为心无所恃，所以随遇而安。与其执着于自己单一视角的预期，不如安然地拥抱一路上遇到的人、发生的事，而这就是一种臣服的心态。

太多时候，面对人、事、物，我们都喜欢加上自己的判断，然后形成一种认知和执念——什么是对的，什么是错的，什么该怎么样，什么必须如何——可这样的认知往往是片面而武断的，容易造成内心秩序的失衡。臣服就是放下头脑心智的揣测、期待和执念，心平气和地接纳已然发生的事实，然后活在当下。我们很在意的东西，往往就是我们内心欲望的投射。它可能激发我们超越自我的热情，更可能让我们困在作茧自缚的情绪里。这份在意所带来的恐惧、焦虑，成了我们专注于当下的阻力，也限制了我们对于结果的想象。

这时候，你要先试着放手，试着让自己配得上它，然后，它会在不经意的瞬间，悄悄地来到你的身边。

生活总是会不断地向我们发问，你完全可以选择过一种无期待的生活，全然地去感受生活中的酸甜苦辣，去做自己可以做好的事情，放下对于周围的人、事、物的评判和偏见，如此，你才会有机会去认识自己，重构自己，然后成全自己。

## 人生是一场臣服于生活的修行

很多人对于臣服和放下有一种错误的认知,以为这是一种胆小怯懦的表现。但事实上恰恰相反,臣服需要一个人付出所有力量,让自己足够勇敢,坦然面对这个真实的世界。

心灵导师埃克哈特·托利在畅销书《当下的力量》中写道:"臣服就是以随顺生命之流代替逆流而上,这是个简单又深奥的智慧。它并不意味着你不能从外部层面采取行动和改变情境,而是指你首先要接纳当下。在臣服的状态下,你很清楚地看到自己需要做的是什么,然后采取行动,一次只专注在一件事上。而臣服是引发正面改变最重要的一件事,你采取的行动都是次要的。"

臣服就是 Being 的状态,让你一直活在当下,不被个人的偏爱好恶引导你的生活方向,而是主动地允许自己的生活被一个有力得多的力量所引导,那就是生活本身。人生是一场修行,处处皆是道场,我们该如何真正地做到臣服?

**放下内心评判**

我们内心的念头很多时候并不客观,所以我们要时刻保持觉察,放下内心主观的评判。而当你放下内心评判,反而能够看到更为积极的那一面。只有在自己心平气和之时所听到的心声,才值得我们付出行动。

**负全责，找好处**

在"向内求"的路上，最重要的就是修自己、向内归因、自我归因，为发生在自己身上的事情负全责。把注意力内收，就不会自怨自艾、妄自菲薄，同时把改变的主动权掌握在自己手里。100%负责，就意味着接纳已经发生的事情，释放负面情绪，重拾勇气和担当。

此外，当感知到别人的恶意的时候，我们要有意识地觉察自己的评判和揣测，多去看别人好的一面。看到别人的好，可以让我们中和内在的执着和抗拒力，回到不偏不倚的中庸之道，也更有利于我们臣服于当下。

**培养谦逊的品格**

关于做事，比较普遍的叙事模式是：做事的人要有能力、有资源、有格局。这些说法都对，但又都不是根本，因为这种模式关注的是"我"很重要，因为"我"这件事才能成。一旦自大的心智模式开启，我们就无法看到真相，更无法做到臣服。做成一件事，首先是因为这件事情是对的，即使不是你来做，也会有别人来做。我们需要培养谦逊的品格，不要把自己当成救世主，而是将自己看作完成一件事情的工具，在让自己变得越来越好的情况下，把那件对的事情做成。

当你越来越谦逊、越来越不把自己当回事，你的内心就会趋向于一种"无我"的状态，而这就是臣服。

  人生中，在你最意想不到的地方，会有让你深深感动的经历。很多事情的发生都是意外，而臣服，就是给这些美好的意外腾出一个乍现的空间。

# 05

# 宁静致远:
# 成为积极的悲观主义者

斯多葛的安心之法

无常就是这个世界不变的规律。无常,就是任何人、事、物都不是绝对确定的。你遇到什么人、摊上什么事,这些都在你的掌控之外,你无法精准地预见,而这就是世界不确定性的本质。

20世纪90年代,美国军方在培训的时候常常使用一个概念VUCA,它是指在一场战争中,军事指挥员在战场上面对的局势可能包含四种特性:

易变性(Volatility)
不确定性(Uncertainty)
复杂性(Complexity)
模糊性(Ambiguity)

其实,我们所处的真实世界也具有这四种特性,也是易变的、不确定的、复杂的和模糊的，就像一盘层层叠叠的棋局，放眼望去毫无头绪。今天你引以为傲的工作，明天就可能因技术革命而遭淘汰；今天还众人追捧的风口，明天就可能只剩下昙花一现的落寞。

每一个时刻，你周围的人、事、物都在发生着快速的变化，对于这种变化，我们是无力抗拒的，因为不管我们在不在意，变化一直都在。而在如今这个时代，变化显然来得更加高频，更加剧烈。

纽约城市大学的哲学教授马西莫·匹格里奇在他的书中提到一个趣事。他在坐地铁的时候，发现自己钱包被偷了。钱包里有身份证、信用卡等各种证件，而去补办肯定非常费力。一般人遇到这种情况，肯定会自责、愤怒，未来好几天都会活在郁闷中。但是匹格里奇不一样，他在钱包被偷之后是这样想的："钱包被偷这件事情我是没办法控制的，只能接受，而钱包已经丢了，我就应该关注那些能控制的部分，做好自己现在能做好的事情。"然后，他就选择好好度过这一天。之前他已经和朋友约好晚上看一个演出，所以他根本不受钱包被偷的影响，看计划中的演出，吃该吃的饭，生活一点也没受影响。

匹格里奇采用的这种面对命运无常的做法，是斯多葛哲学的"控制二分法"——在生活中，有些事情是你能够控制的，有些事情是你控制不了的，而你应该做的就是关注那些你能控制的事情。

这其中包含着一种睿智的思想：有勇气去改变那些可以改变

的事，有度量去容忍那些不能改变的事，有智慧去区别以上两类事。而这种睿智的哲学思想起源于古罗马的斯多葛派哲学。

提到哲学，很多人会觉得这是一种形而上的学问，对现实并没有太大的指导意义。但是，斯多葛派哲学却是一门非常实用的哲学，它是一门教别人在无常的命运之下如何过好这一生的学问。最著名的斯多葛实践者，是罗马帝国五大贤君中的最后一位，马可·奥勒留。他执掌大权数十年，坚忍始终如一，著有闻名于世的《沉思录》，被后人称为"哲人王"。

过去很多人在斯多葛思想里找到了理想人生的模板，那就是追求成功但绝不沉湎其中，洞悉一切都会像朝露一样随时消失，接受命运的无常，外界的变化丝毫无法夺走其沉着与淡然。无忧无惧，内心宁静，就是斯多葛哲学所倡导的理想生活。而如今这个时代，人们太匆忙，信息太泛滥，回归内心的宁静反而成了一件奢侈的事情。可是，如果没有内心的宁静，我们就会被生活中的各种负面情绪所困扰，被命运的无常所挟持，最终碌碌无为，一事无成。要成为一个不被无常命运所伤害的斯多葛派智者，我们要实打实地学会这些功夫：

**消极想象**

听到消极这个词，很多人就会本能地排斥。但这个消极想象，说的是设想最坏的情形，假设一切已被命运夺走，通过这样一种刻意的想象练习，来降低命运无常可能造成的心理伤害。如果一个人只期待着美好的生活，对于可能降临的不幸丝毫没有心理准备，那么噩运对他的冲击往往是最大的。因为当灾难来临时，乐观在惨淡的现实面前会被击得粉碎，而最先崩溃的总是乐观主义者。

想象你已经失去了一切——亲人、朋友、财富、生命，你会如何应对，你会如何看待失去的这一切。在生活中进行这种想象练习，你就可以从中获得坚韧和勇气。当你重新回归现实，往往会更珍惜当下，也会更有韧性地面对生活。消极想象并不是让我们不停地去思考负面的场景，为可能的坏事焦虑，而是让我们在幸福之外偶尔沉思可能的不幸，让我们不再一味地依赖已经拥有的人、事、物，放下对过去的种种付出和收获的执着。

把每一天当作最后一天过，只不过是停下来思考"我们不会永远活着"。这并不是要活在恐惧中，而是要更感恩现有的生活。消极想象的刻意练习，其实就像罗曼·罗兰说的："真正的勇气是知道生活的真相，却依然热爱生活。"

**控制能控制的，放下不能控制的**

斯多葛的哲学家告诉我们，改变你自己以及想要的东西，比改变你周围的世界更好，也更容易。我们每天遇到的事情，如果用斯多葛派的控制二分法，可以分为我们能够决定的事情以及我们不能够决定的事情。如果要分得更细一些，就有三类事情：

第一类，我们能够完全控制的事情，比如我们给自己确定一个目标，完成一门课程的学习，确立我们的价值观，明确什么重要,什么不重要;再比如我们自身的品质,是选择善良真诚,还是恶毒虚伪。

第二类,我们一点都不能控制的事情,比如太阳的东升西落、老天的下雨天晴。对于这类事情,我们不应该投入过多的关注。

第三类,我们能控制一部分但不能完全控制的事情。对于这类事情,我们应该选择追求的是"内在目标",而不是"外在目标"。

比如你参加一场网球比赛,你的"内在目标"是竭尽全力让自己发挥出色,这是你能够把握的;而"外在目标"就是追求这场比赛的胜利,而这需要天时地利人和,你并不能完全左右结果。如果我们执着于输赢,往往就会让自己焦虑不安。

## 接受过去和现在,对抗命运对未来的安排

斯多葛哲学主张一种宿命论。这种宿命论是对过去和现在的宿命论,而不是对未来。因为我们做什么都无法改变过去和现在已经发生的事情,所以我们能做的就是拥抱过去,不再为此耗费精力。

马可·奥勒留曾说:"一个优秀的人应该迎接命运的织布机为他织出的所有经历。"我们很多人会反复地思量,如果当初怎么样就会如何,要是怎么怎么样就好了,这时候我们就是在为不可改变的过去浪费时间和精力,内心也会产生更多的不满和烦闷。所以,在生活中,我们要常常问的问题是:"我可以做些什么来改变

未来。"

进行消极想象就是对可能发生在我们身上的坏事进行预想,而斯多葛派哲学家塞涅卡则建议我们将这个技巧加以延伸:除了预想坏事的发生之外,我们有时还应该生活得就好像坏事已经发生了一样。光想一想失去全部财富还不够,还要定期地"体验贫穷",给自己主动制造苦难,忍饥挨饿,真正地过一下苦日子。

这种主动地受苦,并不是从自虐中获得快感,而是为了更好地反思现实的美好。我们可以从中获得意志力、勇气和自制力,让我们在面对现实世界的无常的时候,能够更加冷静、淡然,能够接住生活的挑战。这就像我们主动把自己暴露给少量弱化的病毒,然后在自己体内激发免疫力,而这种免疫力反而能够保护我们免遭病毒的侵害。

即便常常乘坐汽车,偶尔你也可以体验一下走路的感受。刻意地制造不适,可以锻炼自己的自控力,不过分地依赖于某个人、事、物。

古代的斯多葛派实践家,往往都有沉思的习惯,他们是生活的参与者,也是生活的旁观者。他们每日三省吾身:今天改正了什么?今天抵制了什么?今天有什么成长?这种日常的反思,就是反省自己是否做到了上面斯多葛推崇的准则:

你有没有设想过最坏的情况?
你有没有区分能控制和不能控制的事情?

你有没有内化的目标？

你是沉湎于过去，还是专注于未来？

你有没有克己，主动地去体验生活的无常？

这些对于生活和自己的反省，对一个斯多葛智者来说，就是一种内心的修炼。人生的大部分事情都依照它们自己的方式发生着，所有重要的事情都无法被你操控，它们超越了你的掌控，你顶多只能敞开大门让事情发生，但你没办法迫使它们发生。

这就是这个世界的自然规律，很多重要事情的发生往往超越了我们的预期。如果细心观察这个世界，我们会发现两种类型的人，一类是消极的乐观主义者，另一类是积极的悲观主义者。

消极的乐观主义者思考问题常常是"要是怎么怎么就好了"，他们总是相信只要达到了他们的预期，问题和麻烦就消除了，然后就可以一劳永逸地享受这个世界的美好。

而积极的悲观主义者则认为在这个世界里问题总是层出不穷，麻烦总是络绎不绝，而生活就是一个打怪升级的过程。他们不会期待生活都按照既定的轨道运转，而是积极地面对发生的事情、出现的问题，然后安于当下，尽力而为。斯多葛主义者，就是生活中那些积极的悲观主义者，他们懂得世界的复杂，也明白生活的多变。

在无常的人生中，我们需要掌握斯多葛的安心之法，如此，才能在无常的命运之下重获自由，走得更远。

# 重构瞬间

▶ 在人生的起起伏伏中,你要谨记,"You always have a choice"。

▶ 一种值得借鉴的中庸之道,就是兼听各方的意见,保持达观,同时探寻自己的心声,选择中道。

▶ 最理想的生活模式,其实是心流体验和留白时光的交替。

▶ 人生是一场臣服实验:放下内心评判,对自己负全责,培养谦逊的品格。

▶ 斯多葛的安心之法:消极想象,控制二分法,斯多葛的宿命论,克己,沉思。

# 后　记
## 找到你的人生使命

跟很久没见面的朋友吃饭，他说，他如今的生活，开始变得安逸起来，有房有车，孩子也有了，这种人生赢家的状态，让他觉得，生活已经一望到底，无欲无求。

对我在工作之余的写作、阅读、绘画，他在称赞之外更多的是不解："年纪也不小了，还折腾这些，值得吗？"在他眼里，我现在的生活太不安分，太不主流，但在我的心里，每一次的成长都让我兴奋和激动。

其实每个人的世界都千差万别，他世界里的"折腾"，于我而言，却甘之如饴。

心理学有个著名的实验，叫作三山实验。在这个实验中，有一张桌子，桌子一边的椅子上坐着一个布偶，在桌子上放置了与布偶距离不等的三座假山模型，然后让一个儿童坐在桌子的另一边，问他哪座山离布偶最近。

结果儿童无法回答清楚这个问题。

人类都有一种心理本能，总是认为别人的视角和想法与自己一样，所有人都生活在同样的世界里。彼之砒霜，吾之蜜糖，当我们身处于不同的立场，自然也就会有不一样的选择。

人生并没有一个所谓正确的范本。在这个世界上，有的人，一生追求的就是稳定安逸，日复一日的平淡；而有的人，却如不安分的粒子，在不同的磁场里跳跃折腾。哪种是对的？哪种是错的？其实，根本就没有标准答案。

不一样选择的背后，蕴含着不一样的人生追求。关键的是，我们要安于自己的选择——你选择了安逸，就不要抱怨生活的平淡；而我选择了努力，就不会恐惧前路的未知。

在这个物欲横流的社会，每个人都急切地追逐着财富和地位。不能说这些不重要，但是如果把它们作为人生的全部追求，到头来就会发现欲壑难填，我们依然会感到迷茫、空虚和焦虑。

有句俗语说："你追钱，追不上；钱追你，你跑不掉。"当钱对于你来说是个问题的时候，我们就不能只盯着钱看，因为钱反映的只是表面的问题，更重要的是去发掘那些潜藏于表象之下的更深层次的问题。

只有通过心智的重构来追求个人的成长，才能从根源上解决人生中大大小小的问题，否则就只是舍本逐末，缘木求鱼。

从人类进化至今，生命本质的目的只是生存和繁衍，所以事实上，生活原本是毫无意义的。过去，大量的宗教体系给人类的生活带来了意义。中世纪人信仰上帝，所以他能把发生在他身边的所有事情都赋予特别的意义——那都是上帝安排好的，就算结果看起来不好，他也能够说服自己以后一定会有一个圆满的结局。而现在，我们迎来了科学，"上帝已死"的时代开启了。我们可以不再依赖外界的信仰体系来赋予生活以意义，而是听从我们内心的声音。什么是好的、什么是坏的，过去上帝说了算，现在我们的内心说了算。

这是一种人文主义的关怀——用我们成长的体验和感悟，去为原本毫无意义的生活赋予意义。

我提倡重构心智、自我成长，就是想要追求一种独立自由的人生状态。在我的信念地图里，这种独立自由，来自对世界、对他人、对自己更深度的认知以及自身的持续进化与卓越。既不需要别人的认可，也没有外界物质上的牵绊，做好发挥自己优势的事情，这就是我赋予生活的意义。人生如果没有追求、没有意义，生活就如一潭死水，毫无生气。

越清楚生活的意义，就越能够在这个不确定的世界里找到属于自己的一席之地。

电影《比利·林恩的中场战事》里，有句非常经典的台词——"Find something bigger than yourself"（找到那些比你自身更宏大的存在）。

电影中的比利，投身于一场不知道对错的战争，然后挣扎着寻找战争的意义，却一无所获。这个世界上有很多宏大的事情，比如爱，比如恨。但是随着年龄的渐长，我们逐渐意识到另一种更极致的宏大——虚无。

我们需要找到一个比自我更加宏大的存在,才能摆脱生命的迷茫和困惑,有觉知地生活。

一位已经七十多岁的老人,在知道很多小孩上不起学的现实之后,开始蹬三轮车攒钱,过着节俭的生活,甚至还把自己几十年的养老钱拿出来,建立了一个教育奖励基金会。

一个失去女儿的父亲,感觉生活没有希望,甚至想要自暴自弃。但在父亲节这一天,他突然感到女儿想让他去做点什么,于是他振作起来,决心像对待女儿一样对待自己所有的学生,最后他成了大学里最受欢迎的教授。

他们就像是受到了使命的召唤,找到了比自身存在更宏大的愿景,不仅实现了自我的价值,还最终超越了自我。我们总是需要找到一些别的什么东西,来为生活背书。

人的一个高级需求就是自我实现。那些获得了稳定安逸生活的已经非常优秀的人,现在依然努力、依然勇于接受新的挑战,就是为了实现自我,甚至超越自我。只是为了眼前的琐事而工作、学习没有多大意思,我们得有一个更大更远的愿景,找到人生的使命。

茨威格在《人类群星闪耀时》一书中写道:"一个人生命中最大的幸运,莫过于在他的人生中途,即在他年富力强的时候发现了自己的使命。"

每个人其实都可以在心智重构的成长过程中,找到一个比自身更强大的存在,发现生活中更宏大的蓝图,从而让自己不枉此生。

最后,希望这本书能在你的心底发出点点微光,陪你一直走下去。

图书在版编目（CIP）数据

心智突围 / Windy Liu 著 . -- 南昌：江西人民出版社，2020.10（2022.3 重印）

ISBN 978-7-210-12495-5

Ⅰ. ①心… Ⅱ. ①W… Ⅲ. ①成功心理—青年读物 Ⅳ. ①B848.4-49

中国版本图书馆CIP数据核字(2020)第205813号

Copyright © 2020 by Ginkgo (Beijing) Book Co., Ltd.

本书版权归属于银杏树下（北京）图书有限责任公司。

# 心智突围

作者：Windy Liu
责任编辑：冯雪松　　筹划出版：银杏树下
出版统筹：吴兴元　　营销推广：ONEBOOK　　装帧制造：墨白空间·黄怡祯
出版发行：江西人民出版社　　印刷：华睿林（天津）印刷有限公司
889 毫米 × 1194 毫米　1/32　13.5 印张　字数 270 千字
2020 年 12 月第 1 版　2022 年 3 月第 4 次印刷
ISBN 978-7-210-12495-5
定价：60.00 元
赣版权登字 -01-2020-419

----

后浪出版咨询(北京)有限责任公司常年法律顾问：北京大成律师事务所
周天晖　copyright@hinabook.com

未经许可，不得以任何方式复制或抄袭本书部分或全部内容
版权所有，侵权必究
如有质量问题，请寄回印厂调换。联系电话：010-64010019